JN234849

環境と国土の価値構造

桑子 敏雄 編

東信堂

はじめに

桑子　敏雄

　本書は、「価値構造」をキーワードに、近代化の過程で変貌した国土空間の意味について考察し、国土政策と環境政策の根底にある価値の問題について考察したものである。

　20世紀にわたしたちが遭遇した環境の問題をめぐっては、一方に地球温暖化を代表とする地球規模のグローバルな問題が存在し、他方には、国土空間の再編や環境政策の理念、あるいは地方の環境保護など、ローカルな問題が迅速かつ適切な対応を迫っている。本書では、主として後者に重点を置き、環境の問題を国土空間の視点から捉えようとするものである。考察にあたっては、ともすれば陥りやすい抽象的な思弁を避け、「価値構造」の視点から現実に展開する諸問題に即して、環境と国土の政策に含まれる価値の理念とそれにかかわる諸問題について論じた。

　本書の基本概念である「価値構造」は、東京工業大学大学院・社会理工学研究科・価値システム専攻の価値論理講座・価値構造分野にちなむものである。社会理工学研究科は、世界でも類を見ない研究理念をもつ大学院であり、もちろん、日本の大学でもはじめて実現した研究機関であ

る。1996年創設のこの分野を担当することになったわたし、桑子敏雄は、それ以前に行ってきた哲学の研究をより広い社会的な文脈のなかに位置づけるという大きな課題を負うことになった。

　研究科の理念とは、「科学技術と社会の間に生じる不調和を解決するための意思決定プロセスの科学」ということである。また、社会理工学研究科のなかに位置づけられた価値システム専攻では、「価値判断と意思決定」をキーワードにして、科学技術と社会との間に生じるさまざまな問題を解決することを課題としている。その方法と目的については、大学院研究科と専攻の名 Graduate School of Decision Science and Technology（意思決定の科学と技術の大学院）と Department of Value and Decision Science（価値と意思決定の科学の専攻）という名前の方がそれぞれの本質をよく言い表している。

　価値構造分野の担当ということで、桑子研究室は、「価値の構造を研究する」ということを目標として船出したが、発足当時、研究をどのように進めるべきかということがすでに明らかであったというわけではない。むしろ、その具体的な方法を求めることそれ自体が当初の研究課題であった。

　大学院創設から５年の間に、いく人かの大学院生が研究室に入り、わたしの研究も大学院生諸君との討議の時間を多くもつようになった。「価値構造」の概念は、そのような討議の過程で彫琢されたものである。

　おりから、平成９年度から11年度にかけて文部省科学研究費補助金として基盤研究Ⓒ「行為の観点から見た『人間と自然の相関』における倫理的価値構造の研究」（研究代表者：桑子敏雄）に対して、また住友財団からは「公共性に基礎を置く環境倫理の構築」に対して援助を得ることができた。本書の研究は、自然と人間のかかわりについて、環境倫理・生命倫理・科学技術倫理などのいわゆる応用倫理の基礎理論を提供しようと、「価値構造」という視点から分析を試みたものである。

本書は、新大学院発足という事情と科学研究費および住友財団の支援によってはじめて可能となったものである。また、本書の刊行は、上記の科学研究費補助金による研究の成果に対する平成13年度日本学術振興会の研究成果公開促進費によるものである。本書の出版を可能にしてくださった関係諸機関には、深く感謝したい。また、本書を出版するための手続きの労をとり、また実現してくださった東信堂の下田勝司氏と二宮義隆氏には、心から御礼を申し上げたい。

　2002年1月

環境と国土の価値構造

目　次

はじめに ………………………………………………………… iii

序　章 ……………………………………………………………… 3

第1章　方法としての価値構造………………………桑子　敏雄　11

　第1節　価値構造の概念　11
　第2節　「生命」を例として　13
　第3節　価値判断と意思決定　15
　第4節　表層的価値と深層的価値　18
　第5節　倫理的価値　20
　第6節　価値観の変動と価値構造の研究　24
　注（29）

第2章　国土再編における「廃絶」と「保存」の論理……千田　智子　31

　第1節　近代の国土再編　31
　第2節　神仏分離政策と神道被宗教制──「神道」という概念操作　32
　第3節　明治末期の神社合祀　34
　第4節　神社建築に見る近代の幕開け　36
　第5節　「美術」と「宗教」──古社寺保存法　39
　第6節　「保存」の政治　42
　第7節　「廃絶」と「保存」という転倒の論理　47
　注（48）

第3章　自然保護の思想と実践 ………………千田　智子　51

　第1節　思想と実践のダイナミズム　51
　第2節　合祀反対運動の開始と産土神　52
　第3節　闘争と疲弊　54
　第4節　思想と実践のはざまで　56
　第5節　生命の不思議と「秘密儀」の風景　58
　第6節　思想が社会へ開かれてゆくとき　63
　注（64）

第4章　「国土の均衡ある発展」の理念 …………緒方　三郎　67

　第1節　国土開発行政　67
　第2節　全総の理念　68
　第3節　風土とその変化　73
　第4節　三全総――全総と風土性　77
　第5節　全総の理念とその実現プロセス　80
　注（82）

第5章　都市政策と緑化幻想 ………………………真田　純子　83

　第1節　都市緑化のイメージ　83
　第2節　都市緑化の始まり　84
　第3節　終戦直後の都市計画と緑化　86
　第4節　理想としての緑化と開発　88
　第5節　都市問題解決手段としての緑化　89
　第6節　環境問題と緑化の制度化　93
　第7節　都市緑化がもたらしたもの　102
　注（103）

第6章　風景の多元的価値解釈の枠組み …………真田　純子　105

　第1節　魅力のある景観とは何か　105
　第2節　文脈としての風景　107
　第3節　「風景」の分析　111

第4節 景観認識の特性　115
第5節 都市解釈の枠組み　118
第6節 都市空間へ　120
注（121）

第7章　環境行政と風土 ……………………………緒方 三郎　123

第1節 行政と風土性　123
第2節 環境行政と風土　125
第3節 環境アセスメント制度の現状　128
第4節 風土的視点の必要性　131
注（132）

第8章　環境情報と感性的価値判断 ……………桑子 敏雄　135

第1節 IT革命と「知識」の変容　135
第2節 情報共有の課題と感性的価値判断　138
第3節 感性的価値判断の共有は可能か　144
第4節 情報システムと感性的価値判断　147
注（152）

第9章　ミクロなレベルで見た環境 ……………大上 泰弘　155

第1節 ミクロな視点　155
第2節 分子ネットワークとしての生態系　157
第3節 生態系の価値　164
第4節 ゲノムの尊重という理念　167
注（169）

第10章　環境問題と新しい倫理の視点 …………大上 泰弘　173

第1節 問題緩和策のポイント　173
第2節 科学技術の制御　174
第3節 科学技術をめぐる価値構造　181
第4節 ゲノムの尊重に立脚した制度　182
第5節 価値判断の基準　186

注（187）

あとがきに代えて——21世紀の価値構造を展望する‥‥桑子　敏雄　189

　問題群の連続的生成の認識とそれに立ち向かう態勢の必要性　190
　価値判断の価値判断　194
　理念・制度・行為・政策の総合的評価　199
　まとめ　202

　索　引 ………………………………………………… 205

環境と国土の価値構造

序　章

桑子　敏雄

　「価値構造」は、いわゆる価値の問題を全体として捉えようとする研究の枠組みである。この枠組みは、価値の問題に関する哲学・倫理学的研究を背景にしながらも、より広い社会的な文脈を視野に入れて、社会システムに組み込まれた価値基準、それに準拠しあるいは離反する個人の価値判断、さらに新たに形成される価値理念の問題などを含む。「価値構造」は、哲学の研究を進めてきた桑子敏雄と、東京工業大学価値構造研究分野桑子研究室に所属する博士課程学生（うち二人は社会人）との討議の過程で明らかになってきたものである。学生は、それぞれ出身を異にしている（地理学、経済学、生命科学、社会工学）ので、本研究は、全体として多分野の背景をもちながらも、「価値構造」をキーワードとして共有することで、「環境と国土の価値構造」というタイトルで示すような研究成果が可能になったといってよい。

第 1 章で述べるのが討議の過程を経て到達した「方法としての価値構造」である。「方法としての価値構造」はいくつかの要素から構成される。すなわち、現代社会を揺るがす外的な変動要因に曝される制度規範、その価値基準に準拠した個人の価値判断と価値基準から逸脱する判断、制度逸脱的価値判断から新たに生まれる価値理念、さらにその理念により組み替えられる新しい制度、さらに新しい理念の形成と制度化のプロセスを支える知的資源という構造である。

　社会の制度的側面については、社会学や政治学などさまざまな学問によって研究されているが、本書の研究で導入した新しい視点は、制度に組み込まれた価値基準を人間によって形成された価値理念の具体化として捉え、個人の意思決定のプロセスと関係づけながら、価値理念の位置づけを示したことである。

　個人の意思決定では、価値基準に対する個人内部の葛藤が重要な意味をもつ。つまり、個人の「生き方」と深くかかわっているのである。価値判断に対する哲学的・倫理学的考察を制度の理念との関係で考察した点が、「価値構造」の枠組みのもつ新しい論点である。

　「価値構造」は、社会をとりまく環境の変動に対して社会と個人の対応の仕組みを考察するための枠組みであるから、本書で取り組もうとする「環境と国土」の問題に限定されるわけではない。この構造は、たとえば、現代社会の生命をめぐる価値や情報をめぐる価値の考察にも適用可能である。そこで第 1 章では、「価値構造」の概念を理解しやすいように、生命の問題を例として詳しく論じた。臓器移植という行為をめぐる意思決定の問題を倫理的価値との関係で論じ、「価値構造」の概念を説明したものである。

　「価値構造」を説明する図（12頁）でも示すことであるが、現実の社会制度を揺るがしている変動要因としてとくに重視されるのが「環境」「生命」「情報」である。環境の危機、生命科学の急激な進歩と生命観の変化、情

報技術革命という三つの要因は、それぞれ独立に、あるいはまた相互に浸透しあいながら、社会と人間のあり方に大きな影響を与えつつある。この意味で、21世紀には、この三つの要因を切り離すことはできない。したがって、本書は、「環境」の問題を中心に論じるが、「生命」と「情報」の視点をつねに念頭に置いている。この二つの課題との関係では、第8章から第10章で論じている。

　以下、各章のポイントを整理し、本書で論じる「価値構造」の全体像について説明したいと思う。

　第2章の千田智子「国土再編における『廃絶』と『保存』の論理」では、明治政府の行った宗教政策が日本の国土にどのような影響を及ぼしたか、またその政策の理念としてどのようなものが機能したかということを考察する。千田がとくに指摘する重要な点は、国土空間を劇的に再編した社寺の廃絶という過程が同時に「日本的なもの」の保存という逆説的なプロセスと平行していたということである。神社の統廃合では、とくに鎮守の森をもつ小さな社が徹底的に破壊されたが、自然環境の変化に重要な意味をもつこのプロセスは、日本的なものを博物館に囲い込むという過程を伴っていた。

　とくに第2章で重要な論点は、価値判断が制度化されると、その制度から逸脱するものが「廃絶」の対象になるということであり、近代日本の空間形成を決定づけたのが、この「廃絶」と「保存」を表裏一体とする関係であるという点である。

　第3章「自然保護の思想と実践」では、千田は、南方熊楠の自然保護思想を取り上げ、自然保護の実践とその背景となる思想の構築とのかかわりについて考察している。これは、具体的に経験される自然環境にかかわりながら、同時に、学問性や精神性をおろそかにすることのない自然保護とはどのようにして可能かという課題を考察するものである。さらにまた明治政府によって進められた国土空間再編に直面して、自然保護

の運動に全力を尽くした南方熊楠のもつ現代的な意義について考察している。

　第4章の緒方三郎「『国土の均衡ある発展』の理念」は、第二次大戦後に推進され、日本の国土の変貌にきわめて大きな影響を与えた全国総合開発計画について考察する。「全総」と呼ばれた五次にわたる計画では、首都への一極集中を避け、地方の特色ある発展がうたわれているにもかかわらず、日本全国が均一化され、その景観も画一的なものになっていった。その要因として、「国土の均衡ある発展」という理念が中央主導の政策とともに機能した点が指摘される。理念を掲げることは、目標を明確にするという利点をもつとともに、それが具体的制度のなかで運用されると強大な力をもって当初の目的を逸脱する方向をとりうることを本章は論じている。

　政策理念がときとして「隠蔽の装置」として機能しうることを論じたのが、第5章の真田純子「都市政策と緑化幻想」である。戦後の都市政策では、都市の環境に対する配慮が行われているように見えたが、経済成長をめざすあまり実効性を伴ったものではなかった。本章で、真田は、「都市緑化」にまつわる政策の理念がどのようなプロセスで変化してきたのかを、社会背景と関係づけながら、時系列的に追い、無条件的に価値あることとして掲げられた緑化のスローガンが、じつは社会的な文脈では、理念どおりに機能していたとは限らないということ、それどころか、じつは、「緑化」が環境破壊の隠蔽装置として機能したことや、緑化そのものが制度化され自己目的化し、形骸化していったという事態を論じている。

　本書の第2章から第5章では、国土政策や環境政策の理念として掲げられた目標は、その背景に社会的な文脈を伴っており、その制度化ののの過程で、プラスの価値とともに、マイナスの価値をも伴うことがあるということを明らかにしようとする。これは、国土政策、環境政策におい

て、理念が単純なスローガンとしてのみ機能し、そこでうたわれた本来の理念とは反対のベクトルをもっていたり、あるいはスローガン自体が実際に行われていることの隠蔽の装置になっていたりするという逆説的な事態をもたらすこともあるのだということを示すものである。理念が固定化し、形骸化することによって、制度化された価値基準が環境の変動にそぐわないものになったり、そのような状況のなかに生きる個人に制度にかかわる葛藤を生み出したりすることがあるということをこれらの考察は示している。

　第2章から第5章までが、明治以来の国土政策をめぐる価値の問題をやや歴史的な視点から分析したものであるとすれば、第6章から第10章までは、環境と国土の価値構造に対して、わたしたちが提案できる方向を示そうとするものである。

　まず、第6章の真田純子「風景の多元的価値解釈の枠組み」では、魅力ある都市をつくり出そうとする都市計画において、計画されたまちが意図どおりの魅力を生み出さないことがあるという点から、都市景観をデザインするときに用いられる概念の枠組みと、日頃ひとびとがまちを見るときの概念の枠組みの違いに注目し、歴史的なまちなみや自然などのものに偏った都市景観デザインの概念枠組みでは、まちの魅力を十分に解明することはできないと論じている。そして、結論として、風景の魅力がどこにあるかを明らかにするこの枠組みは、モノを中心とするものではなく、ひとびとが空間に与える多様な意味を軸に構成されるものであると論じている。

　第7章の緒方三郎「環境行政と風土」では、環境行政がこれからとるべき視点は地域性に根ざしたものであるべきであるとし、その地域性の根拠をひとびとが暮らす空間での風土的体験に基礎づけることを提案するものである。このとき風土的体験とは、いわゆる主観的な要素と客観的な要素をともに含み、そこに暮らすひとびとの「身の丈」にあった政策で

あることを要請する。このとき地域固有の風土的価値を守るためには、風土的特性を急激に変化させることに対して、意識的にそれを防ぐ手だてを講じることが必要であると論じている。ルールは一般性をもっているので、「特性を生かせ」というルールをつくるよりも（このルールは、逆に一般性を損なう可能性がある）、むしろ特性を損なう行為や政策を防ぐルールをつくるべきだというのが、緒方の基本的な考え方である。そのようなルールの制定と「風土性」の概念のかかわりについて考察し、風土にかかわる事業を評価する制度の必要性について論じるのが第7章の課題である。

第8章の桑子敏雄「環境情報と感性的価値判断」では、環境にかかわる対立の克服や合意形成の場面で重要なものとなる情報の共有という課題において、従来のような客観的な数値的データだけでなく、問題となっている環境に暮らすひとびとの環境に対する感性的な価値判断をも共有することの必要性と可能性について論じる。従来型の情報共有では、水の汚染度や生物の生息数など数値データがいわゆる客観的なものとして行政側から提示され、他方、地域住民の主張する環境に対する「うるおい」や「やすらぎ」といった感性的価値判断は、考慮されないというのが通例であった（ただし、20世紀末には、「うるおい」や「やすらぎ」といったコンセプトが行政側のうたい文句となった）。本章では、そのような感性的な価値判断を情報空間において共有する可能性という課題について論じる。

以上の3章は、どれも都市計画や環境政策において、人間が環境ととりむすぶ関係性を重視し、しかも、空間体験を政策的側面に取り込むことを提案するものであって、これからの国土政策、環境政策に不可欠の要素を論じたものである。

第9章の「分子レベルで見た環境」と第10章「環境問題と新しい倫理の視点」は、生命科学の立場に立って創薬を研究する大上泰弘が、ゲノムを中心に生命を見るという独自の考え方から環境問題に対する視点を提

供しようとしたものである。本書の基本概念である「価値構造」はとくに、現代社会において大きな問題となっている環境、生命、情報という三つの分野を視野に置いているが、この２章で、環境と生命の関係を軸に、現代の科学技術がもたらした環境の問題と、科学技術の進歩を踏まえた環境を捉える視点を提示する。第９章では、マクロな視点から環境を見るだけでなく、ミクロな視点、分子レベルから環境をつねに捉えることの重要性を指摘し、また第10章では、新しい視点からこれからの環境政策が踏まえるべき技術的な問題を論じている。

　以上、各章について、その要点をまとめてきた。本書でわたしたちが示そうとしたことは、環境にかかわる価値判断や意思決定には、個々の人間が所属する社会的制度や組織の価値理念とそれを具体化した規範が深くかかわっているということ、そして環境の変動に応じた適切な価値判断には、新しい価値理念の形成が求められるということである。しばしば価値理念は、制度的、組織的な力をもつ場合には、本来それがもっていた理念とは裏腹に機能することがある。新しい状況に対応する制度的枠組みをつくるためには、理念が具体的な制度や事業に対してもっている力の質を批判的に考察し、形骸化しているような理念であれば、それを越える新しい理念を形成していかなければならない。そのような理念の一要素として、わたしたちは、人間と空間との親密な関係をいままで以上に踏まえた国土行政、環境行政が必要であること、新しい科学技術の出現にも柔軟に対応する環境理念を形成することが必要であることを提案する。

第1章　方法としての価値構造

桑子　敏雄

第1節　価値構造の概念

　環境と国土をめぐる価値について論じようとするとき、どのような方法を用いればよいのだろうか。この課題に答えるために、わたしたちは、本書で「価値構造」の概念を提案したいと思う。「価値構造」とは、価値をめぐる構造を示すための考え方、考察の枠組みである。

　価値をめぐる多くの問題は、既存の諸制度が環境の変動に対応できないことから生じている。たとえば、科学技術の急激な変化は、社会が予期する余裕を与えるまもなく、つぎつぎに新しい技術やモノを生み出す。新しく生み出されたものが、適切な対応をひとびとに迫ることになるが、既存のシステムでは対処できないことも多い。そこで、新しい対応を見いだすための構造的な仕組みが必要となる。

本書は、価値構造の考察を環境政策や国土政策に関係づけて行う。けれども、わたしたちが考える「価値構造」の視野は、このような問題領域に限定されているわけではなく、現代社会のなかで生じるさまざまな価値の問題にも適用できるように、より広いところに置かれている。わたしたちの基本的なスタンスを図示すると図1のようになる。

　まず、わたしたちは、現代の価値をめぐる問題の多くが科学技術の急激な進歩に従来の制度が対応できないことから生じているものと捉える。図では、現代社会の価値にかかわりながら対応を迫る問題を「環境」、「生命」と「情報」の三要素としている。

　本書で中心的に論じる「環境」の問題については、後に見ることにして、本章では、「方法としての価値構造」ということを全体として論じることにする。まず、生命をめぐる科学技術と情報をめぐる科学技術が現代社会に迫る新たな対応について考えながら、「方法としての価値構造」ということについて概略的に説明し、本論での環境と国土にかかわる価値構造の問題へと展開することにしよう。生命の問題は、遺伝子組み換え技

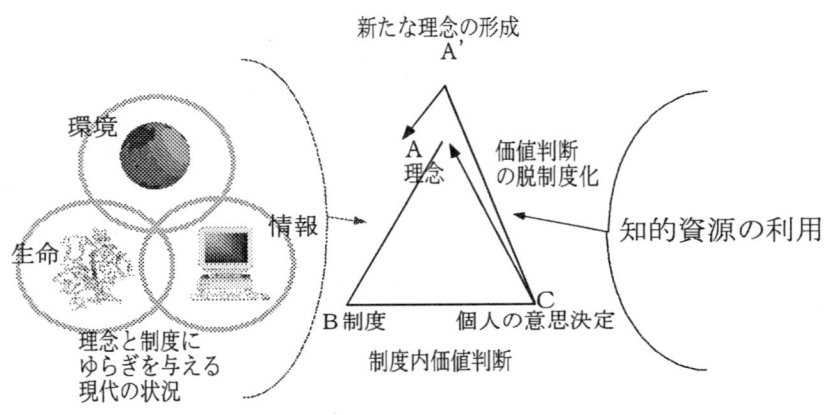

図1　「価値構造」概念図

術を応用することで新しく作出された生物が環境中に広がることから生じる環境の問題にもかかわっている。また、生命に関する科学研究は、生命情報の解析にもとづくものであるから、情報科学と融合しつつある。このような意味で、三つの分野は深く融合していくと考えられるので、どの分野の考察から始めても、他の二つの分野への配慮は欠くことができない。

第2節 「生命」を例として

　わたしたちの考える「価値構造」を適切に捉えようとすれば、生命科学の問題がわかりやすい[(1)]。たとえば「生」と「死」の概念を考えてみよう。この二つの概念は、中間的な事態を含まない概念として機能してきたし、また現在も機能している。つまり、生物は、「生きている」か「死んでいるか」のどちらかであり、「生きていてしかも死んでいる」あるいは「生きてもいないし、死んでもいない」という状態は許容されていなかった。しかし、現実には、医療技術や生命科学技術がその中間的な状態、すなわち「生きているとも死んでいるともいうことのできない状態」を可能にした。

　では、伝統的な価値観が対応できない事態とは具体的にどのようなことなのだろうか。従来の制度ということで意味しているのは、「生きている」と「死んでいる」という概念そのもののなかに、わたしたちが従うべきルールが備わっているということである。言い換えれば、従来の価値観を組み込んでいた「生と死」を語るための文法は、わたしたちの社会生活を可能にしているルールとして、さまざまな社会制度に組み込まれているのである。たとえば、死亡判定にかかわる諸制度や相続などの制度は、この文法と不可分な関係にある。これらの制度では、「生きても

おらず死んでもいない状態」は存在してはならず、「生きていない」のであれば、「死んでいる」のであり、「死んでいない」のであれば「生きている」のでなければならない。このような「生」と「死」の概念を支配する文法のもとで、わたしたちは人の生と死の制度について、あるいは生と死をめぐるさまざまな出来事に対応して行為するように動機づけられている。

　しかし、今述べたように、科学技術の発展は、ちょうど「白」と「黒」の間に「灰色」があり、またグレースケールをもつように、「生」と「死」について語ることを可能にした。医療技術や生命科学技術の発展は、そこに幅広い「灰色」地帯を広げたため、限りなく黒に近い灰色から白に近い灰色に至るまで複雑なグラデーションがあることを示すに至ったのである。しかし、生と死についての文法を組み込んだ社会の仕組みは、こうした事態に直面しても、「生と死の中間」の概念を認めることはゆるさず、あくまで「生きているか死んでいるか」の二分法を要求している。

　たとえば、植物状態や脳死状態というのは、本来はこのような灰色地帯の現象と考えられるのだが、現在の社会システムは、その状態を灰色として語ることを許さず、あくまで死んでいるか生きているかという二者択一のもとで取り扱おうとする。そこで、生と死の分かれ目をどこかに引かなければならないという意思決定の問題が発生する。脳死がヒトの死であるかどうかという問題は、このような線引きの可能性にかかわる問題である。

　脳死をひとの死とするかどうかは、わたしの考えでは、どの程度の灰色を「白」といい、また「黒」というかという、あくまで「とりきめ」の問題、つまり社会的合意の問題であり、また、その合意にもとづく制度をどのように制定するかという問題である。重要なのは、その合意と制度化を支える理念に十分な合理性があるかどうかである。

　科学技術の進歩は、従来存在していなかった社会的合意の必要性を生

み出した。しかし、このような合意の問題について議論することは、きわめて難しい。さらに、このような合意には、もうひとつの重要な合意、つまり「脳死と同等のものとみなされる人格の死が人の死である」という非経験的な命題の正しさへの合意が必要なのであるが、これについては、わが国では、きちんと議論がなされておらず、その正しさがいわば暗黙の前提とされている。

　さて、脳死臓器移植の例のように、科学技術の進歩がもたらす環境の変化と既存の社会に組み込まれた価値の制度との間には、「価値の衝突」が生じていると考えることができる。では、このような価値の衝突は一般にいったいどのような構造をしているのだろうか。また、この価値構造の探究そのものはどのような性格をもち、価値の衝突の構造について問うことは、どのような学問的意義をもつのであろうか。あるいは、この探究の方法論としてどのようなものを考えればいいのだろうか。

　価値の衝突の構造を解明するという探究は、価値の構造を分析することだけを目的としているわけではない。そのような価値衝突が引き起こす問題を回避し、あるいは緩和し、あるいは解決することが必要であるならば、価値衝突の構造の解明とともに、その衝突を回避する方法を示さなければならない。このような提案を行うことのできる研究とはいったいどのようなものだろうか。

　ここでひとまず、価値衝突の構造を分析し、問題を解決するという課題を負う研究を「価値構造の研究」と呼ぶことにしよう。

第3節　価値判断と意思決定

　「価値」も「構造」もさまざまな意味で用いられるが、ここでいう「価値構造」はつぎのような内容をもつものと定義しておこう。すなわち、「価

値構造の研究」とは、社会をとりまく環境の変動と既存の制度に組み込まれた価値との衝突の構造を解明する研究である。このとき、環境の変動によって生み出されている新しい価値意識とひとびとに共有されている既存の価値観との対立が生じているという点が重要である。

いま述べた「価値意識」は「価値にかかわる信念」と言い換えてもよい。先の生命倫理の問題を例として述べるならば、たとえば、脳死体から臓器を取り出して移植するという意思決定をするとき、その決定の背景には、臓器移植を望ましいものとする一般的な信念がある。この信念をもつ意思決定者が移植可能な脳死体の存在を知ったとき、その意思決定者に、特定の個体を主語とする個別的な判断、「どこそこに脳死体が存在する」と「臓器移植は望ましい」という一般的な判断が成立すると、臓器移植を行うという行為が成立する。このような行為的推論の大前提になる普遍的判断が価値判断である。この判断の基礎にあるのは、医療技術の進歩によって生じた新しい価値意識であり、このような価値意識は、たとえば、「生きている」という述語を脳死体に対して適用してはならないという文法規則の導入を含んでいる。脳死体が生きているならば、そこから臓器を取り出してはならないからである。

しかし、新たな文法の導入は伝統的な「生きている」という述語の用法と抵触する可能性をもつ。たとえば、「生きている」という動詞が適用されるのは、日本語でいえば「身体」である。「物体」には「……は生きている」を述語づけることはできない。物体が生きていないものであるのに対し、「身体」には「生きているもの」という意味が含まれている。わたしたちは、伝統的には、「この心臓は生きている」というのと、「Aさんは生きている」というばあいの「生きている」とを同じ意味で語ってきたのだが、脳死を人の死と決めた以上は、この二つを同じ意味で用いてはならないという規則を導入したことになる。このことが意味するのは、人が生きているのとその部分が生きているのとは意味が異なるという条件

のもとで、たとえ心臓が生きていても、その人は死んだとみなさなければならないということである（ただし、心臓はただ動いているだけで、生きてはいないというべきだというのなら、話は少し異なる）。

　価値の衝突は、たんなる考え方の違いだけでなく、それを表現する言語や言語の意味の衝突までも含むと考えられる。言語の意味を規制する文法は、ひろく社会の制度にまで組み込まれており、制度化された価値意識は変化しにくいから、流動する科学技術との対応が難しく、いろいろな衝突が発生する可能性がある。もちろん、そこには、文化的衝突という意味も含まれる。

　したがって、衝突の構造の研究をたんに表層的な意見の食い違いのレベルに留めるのではなく、より深いところで分析し、その衝突を解決し、あるいは緩和し、あるいは回避する方策を提案する仕事が必要となる。この仕事が「価値構造の研究」である。

　「価値構造」でいう価値とは、善や悪、美や醜、崇高さなどの概念を含む。これらの概念は、人間の意思決定の背景にある一般的な価値判断のなかで普遍的な概念として機能していることが多い。たとえば、「洪水を防止するための事業を推進することは、人間を幸福にする手段である」という判断においては、「幸福」といった概念は「善」という概念と結びついている。このような価値の概念は、日常生活のさまざまな領域に浸透しているため、わたしたちは具体的な意思決定の場面でいちいち意識することが少ない。言い換えれば、価値は、信念の傾向性や習慣、社会的な合意を得ている制度、その他さまざまな部分に組み込まれていて、意識化したり、言語化したりする必要がないのである。とくに価値意識を共有する共同体の内部では、前提が前提として意識されないまま意思の疎通が行われる。つまり、わたしたちはどういった価値意識のもとで意思決定しているのかを自覚しないことが多いのである。そのような価値意識が自覚されるのは、環境の変動が旧い制度的制約のなかでの価値判

断の手続を機能停止に追い込むようなばあいである。これは、たとえばまったく異なった文化にある組織や国家との交渉の場面に対応している。このような問題の例を、本書第2章および第3章で論じられる明治政府の宗教政策と国土空間再編事業に見ることができるであろう。

　価値の衝突という事態について考えるためには、自覚されたり表現されたりしていない価値意識を明らかにしなければならない。この価値意識は、社会的な環境のなかに制度化され、その制度のうちで習慣化した行為として行われているために意識されていないことも多いのである。

　習慣化された行為の典型として、すでに見た価値判断に使用される概念を挙げることができる。わたしたちは、価値を語るうえできわめて重要な概念を、その文法を自覚することなく、日常的に使っている。しかし、環境の変動は文法と衝突するような事態をもたらすのである。このとき、わたしたちの言語使用は一種の混乱のなかにひきずり込まれる。このような事態を抜け出るためには、価値を語るための新しい文法を作り出さなければならない。

第4節　表層的価値と深層的価値

　多様な科学技術のなかで、わたしたちの価値判断にもっとも大きな影響を及ぼしているものとして、「生命」「情報」「環境」の三者を挙げた。ただし、この三者の価値意識へのかかわり方はどれも同じというわけではない。なぜなら、まず、「生命科学技術・医療技術」と「情報技術」は激しい勢いで「進歩」しているが、これらと「環境にかかわる技術」とでは、その「進歩」の意味が異なるからである。すなわち、環境にかかわる技術の進歩とは、環境の危機に対応するための技術の進歩であり、この技術の進歩の目的は、環境の危機を回避することや環境を守ることである。

これに対し、生命科学技術と情報科学技術とは、環境にかかわる科学技術のようには目的が明確ではない。環境にかかわる科学技術が環境を守ることを目的としているのに対し、これらの技術では、どのような方向に展開するかはあらかじめ定まってはいないからである。後者では、目的を語るときには、「科学の進歩」という「進歩の自己目的」を語るか、あるいは「便利」や「効率的」などの価値が語られるか、あるいは、「生命科学技術によって環境問題に貢献できる」といった言い方で正当化されるかのいずれかである。

　「環境にかかわる科学技術の進歩が環境に悪影響を与えるかどうか」と一般的に問うことは余計なことである。むしろ、「個別に開発されたこの技術は本当に環境にとってよい技術かどうか」ということが問題になる。これに対して、生命科学技術や情報科学技術にとっては、それをどう使うかが重要な問題となる。「生命を操作する技術を得たことが人間にとってよいことであるのか、そうでないこともあるのか」と問うことは十分に意味のあることである。だからこそ、臓器移植や体外受精、クローニング技術などの生命操作技術が人間や生命の価値にどういう意味をもつのかが問題になる。

　しかし、科学技術はそこに含まれる伝統的な価値の見直しの必要性にはおかまいなく、どんどん進展してゆく。伝統的な価値との衝突をそのままにして進歩するというよりも、どのような価値の衝突がありうるのかということすら不問に付したまま変化してしまうのである。この状況をひとつの比喩を使って説明するならば、つぎのようなことになるであろう。

　伝統的な価値を深海にたとえてみよう。深い海の底では海水はほとんど動かず、そこに生息する生物も変化のない環境に生きている。これに対し、海水面に近いところでは、海流が激しく動いており、そこに棲む生物も活発に動く。深海と海面近くの海水とは連続しているが、そこに

は明らかな違いがある。

　海水面の海流のように、激しく動く価値を「表層的価値」、安定して動きにくい価値を「深層的価値」というとすれば、表層的価値と深層的価値とは連続しているが、そのつながり方は、海中のさまざまな地域で水の流れが多様であるように、社会のさまざまな場面で多様に連関しているものと考えられる。たとえば、地球温暖化をめぐる国際的な協議のように、表層的価値は現在という時間において激しく流動し、その実態をつかむためには多くの努力を必要とする。その変動を支配しているのは、科学技術の進歩や社会・経済の動向、国際社会などの複雑な要因である。これに対し、地域の伝統に根ざした風土的な要素や習慣のように、深層的価値は深く社会や文化の過去に由来し、歴史的に蓄積したものであって変動しにくいものであり、深層でひとびとの考え方を支配している。どちらの層も把握することは困難であるが、その困難さの理由が異なっている。表層では、大量の情報がひとびとの価値意識を変動させているので、その情報のなかから重要な要素を取り出さなくてはならないのに対し、深層の価値では固定したデータからそのエッセンスを掘り出さなくてはならない。表層のデータは新聞や雑誌、テレビのニュース、インターネットなどによって提供されるが、深層の価値は、蓄積された文書や人々の習慣のなかに含まれる。

　二つの層を分析する方法はかなり異なっており、その方法を明確化することは容易ではない。

第5節　倫理的価値

　表層の価値変動の動因となっているものは、環境、生命、情報にかかわる科学技術の進歩などである。これらについては価値の問題が発生す

るが、その倫理的な側面にとくに注目するならば、環境倫理、生命倫理、情報倫理というように、倫理的価値の問題が大きくクローズアップされる。この倫理的価値の問題に注目することで、価値構造の問題、すなわち表層的価値と深層的価値の衝突の問題を考えることができる。

　まず、「倫理的価値」について考察してみる。「倫理」ということばは、ふつうは人間と人間の間を律する規範、原理、規則の全体を意味する。この規範、原理、規則は、行為する人間の内部に動機づけられており、外的な強制力を伴う「法」とは異なる。法の機能は基本的には行為の禁止であり、また法に抵触しない限りで人間の自由な行動を保証する。たとえば廃棄物の不法投棄は法によって禁止されるが、罰せられないために投棄をしないとすれば、この行為では、当の行為者の内面的動機は「罰せられない」ということであり、「環境を汚さない」という意思として動機づけられているという意味での倫理性を認めることはできない。不法投棄をしないという行為が人間の自発性を伴って行われるとき、その行為ははじめて倫理的なものとなるからである。また環境にやさしい商品の開発がたんに利益を目的としたものであるとすれば、新商品開発という行為は環境に関して倫理的なものとはいえない。しかし、環境を護るために環境にやさしい商品を開発するという動機のもので、その行為が行われたときに、その行為は倫理的なものとなる。

　倫理的行為を可能にする倫理規範は、人間の行為や生活の様式に含まれる原理である。それは、道徳的信条、習俗によって習慣化された行為の傾向、あるいは教育によって形成される人柄や信念、あるいはその時代に流行する思想や文化などのうちにある。それと同時に、そのような内的な動機を規制する生活様式、習俗、規範なども倫理といわれる。これらの倫理的な価値には、すでに述べたように、比較的深層のものと比較的表層のものとを区別することができる。

　さて、倫理的な「価値」は、行為の価値であり、そしてまた行為の基礎

にある人間の基本的な欲求、意志、関心の対象の価値でもある。なぜなら、これらの欲求、意志、関心を充足するものが「価値あるもの」といわれるからである。これらの欲求、意志、関心は、しばしば目的－手段の系列によって階層構造をつくっている。そのために、ある目的を達成するために有用な事物の性質も価値といわれる。

　さらに、手段として有用とされる価値ではなく、目的そのものもまた価値といわれる。倫理学が考察するのは、とくに行為の究極目的としての価値である。行為はしばしば「善い」、「悪い」と判断されるから、倫理的価値の研究の対象となる価値は「善」と考えられるが、「善いもの」もまた、目的－手段の系列のなかで捉えられる。たとえば、「よい治水事業」は「治水という目的を効果的に達成する行為」であり、「治水」は「洪水を防止する」を実現するための手段であり、「洪水の防止」は「安全な生活」のための手段である。こうしたさまざまな善のなかでも究極的な善がとくに問題となる。なぜなら、この究極的な善が、行為にかかわる最終目的を指し示すからである。しかし、この究極的な善が何であるかについては議論の余地がある。そこで、究極的な善が何であるかを研究することも必要となる。

　行為というばあい、基本的には個人の行為である。したがって倫理も個人の倫理にその基礎がある。このことから、倫理を個人的な信条の問題として片づけてしまうことがあるが、これは誤っている。わたしたちは、集団の行動パターンを支配する欲求、意志、関心を問題にすることができるからである。したがって、企業や行政あるいは一国の倫理的価値といったものも、あるいは人類の倫理的価値といったものも語ることができる。

　個人において行為を一定の方向に向けるのは、信条、習慣、人柄などである。社会においても、人々の行動様式は、全体として一定の方向を向くことが多い。そのような一定の方向へ行為を導く要因のうち、主観

的なものを価値観と呼ぶことができる。たとえば、「使い捨て文化」「大量生産、大量消費」のようなキャッチフレーズには、これが唱えられた時代の価値観が表明されている。同様に「リサイクル」や「循環型社会」ということばには、先のキャッチフレーズとは異なる価値観が含まれている。このような意味での価値観は、時代の動向によって大きく動くこともあるので、表層的な価値に近い。

　価値観は、ことばによって表現されることもあるが、ことば以外のものによって表現されることもあり、ことばになっていないばあいもある。たとえば、禁煙マークやエコマークは、シンボルによってある価値観を表そうとする。

　時代の表層的な価値は、現実にひとびとがどのような価値観をもっているかということに関して、主観的、心理的な事実を事実として研究することで明らかになるばあいが多い。たとえば、社会調査やアンケートの統計的解析によって明らかにできるようなばあいである。

　たとえば、「使い捨て文化」ということばでは、「豊かさ」、とくに「物質的な豊かさ」という価値が肯定的に捉えられている。さらに、「物質的な豊かさ」が人間にとっての「幸福」であるとする価値観がある。こうした価値観の根底には、大量生産、大量消費という行為と「物質的な豊かさ」、「豊かさそのもの」、「幸福」といった価値をつなぐ構造を見て取ることができる。このような構造は、他の価値、たとえば「便利さ」「能率」「効率」などと深く関係しながら、ある体系を構成している。このような体系を「価値体系」と呼ぶことにしよう。

　社会に採用されている価値体系で、もっとも究極的な価値の要素は、それに向かって人間の行動を律し、そこに導くものであるという点で、「行動の理念」といわれる。理念とはもともとプラトンのいう「イデア」に由来することばであり、事物の存在の基礎になる理想的原型を意味する。カントは、ここに超越的価値といった意味を与えた。したがって、「理

念」は行為の理想を与えるものでもある。

　問題を地球環境問題に限れば、この問題は、従来の倫理では対応できない状況を生み出している。だから、新しい倫理が必要であると主張される。このばあい、「新しい倫理」ということで、「新しい理念」が意味されることが多い。これは行為の原則を与えたり、社会政策のビジョンを与えたりするものである。これを「哲学」と表現することもある。具体的にいうと、「持続可能な開発」ということばは、現在国連を中心に進められている環境政策の理念となっている。だから「現在の国際的な環境政策の哲学は、持続可能な開発ということである」ということもできる。

　また、すでに述べたように、生命や情報にかかわる科学技術は従来の倫理では対応できない状況を作り出している。そこで、新しい倫理的考察である生命倫理や情報倫理が必要とされる。このばあいにも「新しい倫理」ということで「新しい理念」や「新しい行動指針」が意味されることが多い。

第6節　価値観の変動と価値構造の研究

　わたしたちは三十年ほどまえには、「大量生産、大量消費こそ豊かさである」という価値判断をもっていた。そのように思っていた人類に、ここ三十年の間にどのような変化が生じたのだろうか。それは、大量消費、大量廃棄によって環境への負荷が増大し、環境破壊が進行して、人間の生活を脅かし始めたから、そのような価値判断に対して疑問を抱くようになったのだと考えられる。つまり、経験にもとづいて環境にかかわる価値判断の変化が生じたのである。このことは重要なことを意味している。人間の道徳的判断、倫理的判断を含む価値判断が、せいぜい数十年間の経験によって重大な変更を被ったという事実である。このこと

は、価値の体系がつねに人間の置かれた経験的条件と相関して考察されなければならないということを意味している。

　以上のことは倫理学そのものの性格を考えるばあいにも、重大な意味をもつ。たとえばカントのばあいのように、近代的な理性にもとづく倫理学では、理性の立てる道徳的原理は、経験的な条件に依存するかたちで決定されてはならないとされた。経験的な条件にもとづく道徳法則は、無条件の法則ではなく、仮定的な法則であるとされたのである。このような立場から見るならば、環境倫理学は、経験に依存する仮定的な倫理学となり、倫理学そのものの周辺部に位置することになる。

　価値の研究が経験的条件に依存しない無条件の道徳的法則の探究であるとするならば、価値構造の研究は、環境倫理や生命倫理を取り扱うことができない、ということになる。こうした見方では、環境倫理や生命倫理は、けっして普遍的な道徳的、倫理的規範にはなりえないからである。

　しかし地球環境の危機が人間の生存そのものを脅かすものであるということを認めるならば、この経験的な事実は、地球環境の危機が倫理的価値そのものの成立を脅かしている事態と考えることができる。人間が滅びたあとでは、人間の倫理も存在しないからである。

　同様に生命科学の進歩が人間の本質への考え方の変更を求めるとするならば、科学の進歩という経験的な事実は、従来の倫理の再検討を促しているものと考えることができる。

　以上の点からはっきりすることは、価値構造の研究は、地球環境の有限性という事実や、科学の発展といった経験的事実にもとづいた価値の研究だということである。言い換えれば、価値構造は人類の置かれた経験的な条件、すなわち、地球という空間的条件と自然および人類の歴史という時間的条件に拘束された価値の考察である。

　資源が無尽蔵であり、地球の浄化力も無限だという前提のもとで「大

量消費、大量廃棄」が唱えられたとき、このことばに含まれる判断は倫理的な判断とは考えられていなかった。しかし資源も浄化力も有限であることが認識された現在では、これらもじつは倫理的な判断であったとみなすことができる。有限な地球という経験的な条件のもとで成立する倫理では、「大量消費、大量廃棄」は批判されるべき倫理だということになる。とすれば、じつはこれらの判断も倫理的判断だったのだが、そのときには、倫理的判断とは認識されていなかったのである。このように価値構造の研究の視点から考察すると、倫理的な価値とみなされていなかったにもかかわらず、じつは倫理的な価値であったということも明らかにすることができる。

　さて、価値規範としての倫理の研究と、知的資源としての倫理思想の研究とは明確に区別されるべきである。倫理思想とは主として著名な哲学者や倫理学者が述べた著作の解釈を中心とする研究である。この研究の特色は、そのデータとなるものがほぼ固定しているということである。たとえばアリストテレスの倫理思想でいえば、倫理学的著作はすでに固定しており、これについて研究するひとびとは、テキストを読み、研究書や研究論文を考慮して、新しい解釈を提案するような論文を書くことが求められている。そこで提案されるのは、新しい読み方であり、解釈であって、新しい倫理ではない。すなわち、新しい理念ではなく、また新しい行動指針でもない。この作業は、深層の価値を研究するのに近い。たとえば徳の概念を中心に展開する倫理学の研究、内面的な道徳法則を中心とする倫理説の研究、あるいは功利主義的な倫理説の研究などは、すでにほぼはっきりとした輪郭をもつ倫理的な価値の研究として位置づけることができる。このような作業では、限られたテキストがデータとして取り扱われ、付加的なデータは哲学や倫理学の専門雑誌に発表される最新の研究論文である。

　だが、こうした倫理思想の研究はたとえそれが価値そのものの研究と

位置づけられたとしても、いわば深層の価値の研究として性格づけられるべきものである。それらは表層の激動する価値の層からは距離を置いており、表層の価値について論じるための手段やヒントを提供しはするが、それを研究したとしても、表層的価値そのものについて論じることにはならない。

　伝統的な倫理思想の研究に従事するのと、激動する表層的価値の研究を行うのとでは、データそのものの取り扱いが異なる。こちらでは、毎日流れる大量の情報から価値の問題をピックアップするための能力が必要とされるが、倫理思想の研究ばかり従事していると、このようなまったく異なった情報源からの情報を得ることは、その入手方法にも習熟せず、また、論じ方にも疎いために、取り扱うことができない。じっさいこのような方面の研究の方法は、日本では論じられることがほとんどないように思う。

　そこでまず、表層的価値をどのように捉え、そしてそれを理論的に処理するべきかという問題が生じる。ついで、この表層的価値の研究と深層的価値の研究とをどのように架橋し、媒介するかという重要な問題が生じる。表層的価値と深層的価値とが衝突するばあいに、その構造を研究することが「価値構造」の研究であると定義しておいたから、このような表層的価値と深層的価値とを架橋する仕事が価値構造研究の課題といってもよい。本書で行おうとするのは、このような方法意識に立つ研究である。

　では、具体的にこうした表層と深層の価値の架橋はどのように行われるべきなのだろうか。この点を本書のテーマである「環境と国土の価値構造」の内容を構成する国土空間の再編の問題を例として簡単に考えてみたい。

　日本の環境問題は、1960年代以降の高度経済成長とを背景に進められた国土総合開発計画の実施を考慮せずには、その本質を明らかにするこ

とはできない。戦後の荒廃から立ち直るために何よりも求められた経済発展は、戦前に支配的だった価値意識を根底から覆すことによって可能になった。その経済発展は国土を一貫して発展のための手段として位置づけることであった。山河は電力を生み、木材を調達する場として位置づけられ、干潟は干拓され、林道は山岳地帯を縫い、各種高速交通網は全国を覆った。成長が公共事業によって支えられたこともまた戦後の特徴であった。これは、土木事業によって成長が支えられていることを意味している。土木事業とは国土の再編にほかならない。このような重大な国土の再編という国家的行為を支配した価値は、経済効率という単純な、しかし強力なものであった。

　経済効率という価値が、伝統的な価値、たとえば長い間日本の国土空間を形容する表現として用いられた「山紫水明」「白砂青松」といった価値と衝突することになったのは明らかであろう。この価値の衝突では、問題の重要性がひとびとに意識されないまま、経済効率優先の国土再編が行われた結果、むかしながらの価値は、もはや辞書のなかだけにしか存在しないものになってしまった。

　いま20世紀の国土再編を支えた価値が問い直されている。この問い直しに必要なのは、ひとびとの行動を律してきた表層的価値の分析である。しかし、同時にこれからの国土政策の理念もまた求められているといってよい。この理念の策定に対しては、たんに表層的な価値の分析だけでは不十分である。伝統的ではあるが、すでにひとびとの意識にのぼらなくなってしまった深層的価値もまた見直しながら、新たな理念を構築することが必要であろう。

　要するに、いまこうした国土再編という行為において、大前提となるべき価値が求められているのである。そのためのひとつの方法は、伝統的な、つまり、深層の価値を明らかにし、その現代的意義を解明しながら、現代的な価値との架橋をはかることであろう[2]。

(1) 生命科学と価値構造の問題については、大上泰弘・緒方三郎・桑子敏雄「価値構造の視点と『先端的生命科学実験』の概念」『生命倫理』第10巻第1号(2000年)、50-57頁を参照のこと。
(2) 伝統的な価値の現代的意義については、桑子敏雄『環境の哲学』(講談社学術文庫、1999年)で論じた。

第2章　国土再編における「廃絶」と「保存」の論理

千田　智子

第1節　近代の国土再編

　近代日本の国土再編は、つねに「廃絶」と「保存」という相反するプロセスのもとで進行した。この逆説的な関係を捉えることが本章のテーマである。

　この章では、「廃絶」と「保存」の逆説的な事態の起源を、明治、大正期における宗教政策と文化財行政の展開に見る。というのは、現在に至る国土の近代化を考えるうえで、近代の宗教・文化財行政は、「廃絶」と「保存」の論理とその制度化という、きわめて重要な要素を含んでいるからである。

　明治維新によって、神道は国家的な位置づけを得ることになった。すなわち神道国教化政策と、それに続く国家神道時代の到来である。その結果、「神道」という概念には、政府や各宗教のせめぎあいが露骨に反映されることになり、神社もその影響を直接に被った。伝統社会に融合し、

各地で独自の発展を遂げてきた神社空間は、かつてない規模と速度で変貌を遂げ、村の共同体に長く親しまれてきた神社や神祠が激減した。このような事態をもたらしたのがいわゆる神社合祀政策である。日本の国土に遍在していた、いわゆる神がかった空間は、この事業によってつぎつぎに抹消された。さらに、神社合祀による神社空間の変化は、国家シンボルとしての新神社創建の動きと並行していたのである。

　近代以前、寺院や神社は聖なる空間であり、神や仏といった信仰を仲立ちとして、ひとびとは、空間に接していたといえる。しかし西洋からもたらされた新たな認識の枠組みによって、ひとびとと宗教空間の結びつきは、まったく違うものとなった。ひとびとが空間から何らかの神聖な意味を受け取ったり、あるいは空間に神聖な意味を与えたりする営みは、ここで途切れることになった。すなわち、かつての宗教空間は、ハコとしての建築やモノとしての美術に分断され、空間と神性の一体性に根本的な改変が加えられる。本章では、このような空間と神性の分離という過程から、国土再編における「廃絶」と「保存」の論理を見いだすことを目的とする。

何かを「保存」しようとするときには、その行為に正当性を与えるような価値判断が働いている。ある価値判断が生じるとき、その一方には、そこから逸脱する何ものかもつねに存在している。重要なのは、その価値判断が制度化されてゆくことによって、そこから逸脱する何ものかが「廃絶」の対象になるということである。近代日本の空間形成を決定づけたのが、この「廃絶」と「保存」を表裏一体とする関係であるというのが本章の主張である。

第2節　神仏分離政策と神道非宗教制——「神道」という概念操作

　明治維新当時、日本全土には27万をこえる大小の神社が存在していた

といわれる[1]。神社神道は、仏教や儒教などの高度に発達した外来宗教と習合しながら、日本の共同体に深く浸透してきた。ところが明治政府は、唯一国教としての神道を目標としたために、まず必要になったのは、仏教をはじめ「外来」とみなされる要素を神道から取り除くことであった。そこで1868(明治元)年、明治政府は、「神仏判然令」を発令した。この政策に代表される神仏分離政策は、長い歴史をもつ宗教的伝統を強制的に再編することを意味した。この政策が日本の国土に与えた影響はいうまでもなく甚大であった。というのは、神仏習合の歴史は、すぐれて空間的な意味合いを帯びて続いてきたものだからである。参詣曼陀羅や、熊野の那智瀧図などを想起してもわかるように、日本の国土に神と仏をみる精神性によって、神仏習合という宗教形態は長く維持されてきたのである[2]。したがって神仏を分離するということは、国土とひとびとの精神性とのあいだにある歴史的な連関を切断することになった。

　明治維新によって神道は「国家の宗祀」とされた。だが、留意すべきことは、神道の優位性がけっして安定したものではなかったことである。というのは、神道勢力の実質的な後退という状況を複雑に反映して、神道非宗教論という奇妙な論理が生み出されていったからである。明治政府の宗教政策について考えるうえで、この神道非宗教制が選択されていく経緯は、きわめて重要である。

　西本願寺の島地黙雷は、1883(明治6)年、神道は天皇の治教であって、宗教に非ざるものである、という論理を展開した[3]。島地に代表されるような神道非宗教論が展開された背景のひとつには、維新以後の廃仏毀釈によって不満の蓄積していた仏教界の事情がある。皇室、すなわち天皇の治教としての神道を、政令発布と祭祀の次元に属するものとして非宗教の枠内に定義してしまえば、祭政一致の大宣言を出した皇室のメンツを保ちつつ、宗教としての仏教の権威は回復すると考えたわけである[4]。とくに外遊経験を積んだ島地は、西洋の政教分離の知識に照ら

て、神道勢力が国家によって優遇されている現状を批判した[5]。

　また、不平等条約改正のための対外的な関係から、キリスト教を弾圧したままでいることは許されない状況にあった。このような情勢から明治10年前後には、神道の絶対的優位がはやくも揺らぎ始めた。政府側は、近代国家として信教の自由を制度化する必要性を感じながら、維新の精神である神道をやすやすと切り捨てるわけにもいかなかった。神道の放棄は、明治政府自身の自己否定にもつながるからである。そこで国家神道を維持していくには、神道を宗教の枠外に置くしかないという考えが政府側でも優勢になった。神道非宗教論は、山田内務卿時代から政府の公式見解となり、第二次世界大戦まで引き継がれた。

　「神道は天皇の治教であって宗教に非ざるものである」という議論自体は、宗教という外来の概念と、神道という概念をどう連結させるか、というきわめて抽象的なものである。しかし、神道と宗教の概念を連結する概念操作にもとづいた意思決定が、神林を伐採し、神社を取り潰すという具体的なかたちで、空間の改変を引き起こしたのである。

第3節　明治末期の神社合祀

　神道非宗教化の一連の流れは、戦前期のファシズム的国家神道体制のイメージを投影して、神道勢力のさらなる国家権力への接近として考えられてきた経緯がある。しかし実際には、帝国憲法発布に向けた明治20年前後から、神社を国家から切り離そうとする動きが露骨になってくる。じじつ、明治1879(明治12)年の太政官達では、府県社以下の神官の取り扱いは「一寺住職同様タルヘシ」(明治12年11月11日付太政官達)とされ、さらに明治20年代には、官国幣社に一定期間をさだめて保存金を下付し、これを「手切れ金」[6]として、将来的に財政的に国と縁切りを言い渡され

るという事態に至る。神道は、少なくとも財政的には、明治10年代の内務省時代から、「放任状態」[7]に置かれる。

　経済的保証をまったく失うに等しい事態をまえに、府県郷社に対する公費支出を復活させ、国家の宗祀たる名実を獲得することが神道界の念願となっていった。同時に当時の神道界では、神社の経済的維持をはかるために、神社の整理がぜひ必要であるという主張が大きくあった。当時の一般的な神社財政では、一つの村に十や二十も散在する社祠の祭典費用や修繕費用、神職給を少数の氏子でまかなうことは難しかった。そこで修繕するあてのない神社や神祠を廃止したり移転したりして、維持経営の確実な神社に合併することが現実的課題としてもち上がった。こうして、少なくとも明治30年代半ばには、公費補助に関する議論と、神社整理を求める主張はさかんになっていたのである。

　さらに日露戦争後、地方は貨幣経済の浸透により旧来のムラごとの共同体が分解傾向にあった。すなわち、日本が対外的な関係を開いていこうとするとき、日本の「内部」は崩壊過程にあったのである。この時期、地方町村に適用された「神社中心主義」という理念は、内務省地方局が抱いたこのような危機意識から生み出された。すなわち「神社中心主義」とは神社を地域の中心に設定し、それを精神的支柱としてムラを超えた新たな共同体の結束をはかる、という理念であった。また神社整理の観点からすれば、その中心となる神社や大社以外は、神社局にとっても経済的負担となるばかりであった。このように地方局と神社局の思惑が一体となり、ドラスティックな神社合祀事業が現実化するのである。

　神社整理が実際に本格化するのは、次の二つの勅令が出された1906（明治39）年以降であった。まず1906（明治39）年4月の地方長官会議で内務省が積極的に整理事業に着手することを表明、続いて念願の神饌幣帛料の供進が明言された勅令96号「府県社以下神社ノ神饌幣帛料供進ニ関スル件」（4月30日）が発起点となり、勅令220号「神社寺院仏堂合併跡地無代下

付ノ件」(8月9日)とそれを補完する神社・宗教両局長依命通牒(8月14日)がはずみとなった。

　櫻井[8]によると、神社整理の始まる前の年(明治31年)と整理がほぼ終息した年(大正5年)との両年の神社数から、国幣社・府県郷村社・境外無格社の残存度を比較してみると、国幣社以上の神社は東京府を除いて他は同じか増加しているのに対して、府県郷村社は四府県を除いて減少している。そこで森岡[9]による府県社・郷社・村社別の比較をあわせて参照してみる。すると、府県社・郷社の変動はほとんどない一方、村社が減少している。よって、府県郷村社の減少は、実際には村社の減少に拠っているとみてよいだろう。さらに櫻井により境外無格社数を見ると、すべての府県で減少が見られる。県によって減少の幅はまちまちであるが、とくに三重(5,099→96)、和歌山(3,103→165)の示す数字は、合廃祀の激烈さを物語る。

　したがって神社整理とひとくちにいっても、その嵐を直接に受けたのは、村社・無格社だということになる。ところがこのような神社や祠こそ、ひとびとの日常にとってもっとも近しい聖なる空間であった。このことからも、明治末期の神社整理が、日本の空間性を根底から変容させるものであったことが推測されるのである。

　こうして神社は、国家の末端を担う行政機関という社会的役割を引き受けるとともに、庶民の日常性から隔たっていく。そのかわりに神社は、絶対的に超越した天皇との連関によって、近代国家のシンボルへと転換されていくのである。

第4節　神社建築に見る近代の幕開け

　近代以前、ひとびとは寺や神社を「日本建築」としてみたことはなかっ

た。あくまで、それは寺や社であり、そこには仏や神がいた。ところが近代に入ると、寺や神社は「日本建築」として、仏像は「宗教美術」として認識されるようになってゆく。

　明治末期に、日本の国土を根本から変革するような神社合祀の嵐が吹き荒れたのは、前述のとおりである。ところがそのような空間の「廃絶」のプロセスと並行して、新神社の創建が国家的プロジェクトとして行われる。西洋の技術移植を一応終えた日本人建築家たちは、「日本」にとって「建築」とは何なのか、「日本建築」とは何か、という問いをそこで突きつけられる。

　一方、神仏が分離され、国家が神社造形を一元的につかさどるようになると、統一的な神社の規格を策定しなければならなくなった。すると、各地で異なる発達を遂げてきた神社について、ある程度は共通した了解が必要となる。そこに歴史に対するまなざしが生まれる。

　国家による神社の造形規格という課題は、すでに明治初期から素朴なかたちで現れ始める。すなわち国家による社格制度と、それにもとづいた「神社制限図」による規格統一が当面の課題となる。さらに明治中期に入って日本建築学がいちおう熟してくるにつれ、歴史的な要素に対する考察が本格的なテーマとなってくる。新神社の創建は、そのような伝統や様式に関する論争と並行して本格化していくのである。

　歴史上、神社は仏教建築と融合を見せながら、神社造形の自己規定がなされてきた。たとえば石清水八幡宮の八幡造は、社殿への仏教的要素の流入を示す代表例である。八幡造は、仏教建築における並堂と同じ形式であることがしばしば指摘される[10]。ところが明治前半に見られる神社景観に一貫しているのは、神仏習合のもとで維持されてきた社殿形式を採用せず、それ以前の古い様式を採用しようとする傾向である。これは復古思想や排仏の気運とも連動している。つまり仏教に代表される、日本にとっての「外部」を排除しようとする方向性が、明らかに見られる

のである。
このような制限図様式に対して異議を唱えたのが、初代神社局営繕技師となった伊東忠太であった。

> 内務省で官国幣社建築の制限図法と云ふものを作りました、あれは官幣大中社の規模及社殿の建築を制定したるもので、玉垣の長さ、本殿拝殿以下の大さ、社務所以下の位置間取り等までも規定し、其標本として建築の図までも示してあります、しかしあれは何を標準として制定したるものでありますか、何故にあの構造形式を模範としたのでありますか、恐らくは其理由を明瞭に答へることは出来ますまい、(中略)然らば神社建築の標準は如何にして定むべきものであるか、否、神社建築は一定の規律の下に束縛すべきものであるや否、これは少しく考ふべき事柄であると思ひます。(11)

伊東はこのとき、そもそも神社建築を「一定の規律の下に束縛すべきものであるや」否かという根本的な点に立脚して制限図様式の不合理を考えている。このような伊東の態度は、以下に示されるような、仏教という「外部」との接触によって自己形成がなされてきたという神社建築の歴史を積極的に評価する神社建築観にもとづいている。

> 神社建築は元来質素を専一とし清浄を尊んだもので、この主意から行くと建築術としては誠に価値に乏しいものになるのです、然るに仏教一たび我邦に入りて、神社建築の形式に色々な変化を与へ神社建築は優に一方の覇を成して、我邦の建築界を一方ならず賑はしたのであります、畢竟神社建築形式が追ひ追ひ変化に富んで来た為であります。(12)

神社制限図に代表される方向性のめざすところは、つまるところ「純粋な」日本性であった。そのことを伊東は見抜いている。だが伊東の言うように、各地方で独特の展開を見せ、しかも仏教的要素が混入して発展してきた神社に、完全に「純粋な」形態などありはしない。もしその純粋性を追求するなら、歴史を参照し、そこから「純粋性」をピックアップし、引用するしかない(13)。しかしそのような操作こそ、まさしく近代的な認識が可能にするものである。そうして神社は、近代日本が創出しようとするイメージとしての「日本」を負うことになる。

第5節　「美術」と「宗教」——古社寺保存法

　ここでは神社が背負うこととなる近代日本のイメージがどのようにかたちづくられていったのかという問題について考えてみたい。具体的にそれは、「建築」や「美術」、「博物館」といった外来の概念によって、天皇を中心とする「日本」という認識の単位がどのように意識化され、それがどのようなかたちで「保存」されていったのか、という問題である。注意すべきなのは、ここで言う「保存」とは、具体的な対象物を記憶する行為としての「保存」であるとともに、その対象物に価値を見出す認識そのものを定着させるという意味での「保存」であるということである。その意味で、一見古きものを記憶すると見える「保存」という行為は、「日本」という新たな概念を「保存」するという、より高次の認識の形成をも促したことになる。すなわちそれは、「保存」という名のもとの「日本」の創出にほかならない。

　文化財行政をひもとくと、1871(明治4)年に「古器旧物保存」の太政官布告が、最初の古美術の保護制度としてあらわれる。おりしも、廃仏毀

釈の気運が猛威をふるっていたころである。ついで1872(明治5)年には、博物館の開設に向けて、古社寺調査が行われる。それにはフェノロサも参加していることからもわかるように、社寺が所有するモノ、つまり宝物を調べることに重点が置かれた。また時代は下って、1888(明治21)年に宮内省に設置された臨時全国宝物取調局は、その名が示すとおり、モノを調査し、収集する、という目的を明確にもっていた。ここで美術行政の手が、宗教空間に入り込んでくることになる。また、天皇制との関連でいえば、この時期を天皇中心の保存行政の準備段階[14]と見ることも可能である。

　帝国議会に「国宝保存法律制定」の請願が出始めるのは1891(明治24)年からであり、この流れが古社寺保存法につながってゆく。この時期の文化財行政には、二つの大きな流れがある。一つには、教部省から内務省へといたる社寺行政、もう一つが博物館に関係する美術官僚の系統である。

　古社寺保存法は、まず宗教政策という側面を大きくもっている。それは、1880(明治13)年から古社寺保存金の交付が内務省によって始められており、それが1894(明治27)年で撤廃されるのと入れかわりに、宗教行政を担当する内務省に古社寺保存会が設立されたことからもわかる。臨時全国宝物取調局(明治21年成立)によって続けられてきた美術行政は、この流れに合流することになる。このことを、九鬼隆一をはじめとする宮内省の古美術保護と、内務省系の宗教行政の一本化として評価することもできる。しかし実際のところ、両者の齟齬と軋轢の産物として古社寺保存法は成立した。すなわち当初の立案者は、九鬼隆一を中心とした、宮内省系の美術官僚であり、彼らは対象を「美術」に絞った保存に努めてゆくという方向で主張していた。しかし審議の過程で、内務省系勢力が、天皇中心をより明確に打ち出した体系を主張するようになる。

　1896(明治29)年4月18日には「古社寺保存会規則」が公布され、5月7日

に九鬼隆一を委員長として各委員を任命するに至る。ついで1897(明治30)年1月19日、貴族院で「古社寺保存法案」に関する議事が開始されたが、これは主務大臣である内務大臣の欠席という異例の事態のなかで行われた。

　さかのぼって1895(明治28)年4月5日、内務省より「古社寺調査事項標準」[15]を含む、全国に対する調査の訓令が出された。それは古社寺保存法の制定に向けた準備段階であり、次のような内容であった。

　　第一条　左ニ列記スル各種ノ一ニ当ルモノハ其事由詳細取調ヲ要ス
　　第一種　文明十八年以前創立ノ社寺
　　第二種　史乗中掲ノ社寺ニシテ名区古跡ト称ツヘキモノ
　　第三種　境内風致秀抜ノ社寺ニシテ国郡ノ美観勝地ト称スヘキモノ
　　第四種　皇室ノ御崇敬又ハ武門ノ帰依ニヨリ若干ノ朱黒印地ヲ有シタル社寺
　　第五種　陵墓其他賢相名将等ノ古墳其境内ニ属シタル社寺
　　第六種　勅願若クハ王子宮嬪賢相名将等ノ発願ニ由リ執行セル式法年中行事中ニ伝来シタル社寺
　　第七種　元禄十六年以前ノ創建ニ係ル巨大ナル社寺ニシテ其地方ニ於テ著名ナルモノ
　　第八種　名所旧蹟ノ建築物並碑碣ノ類ニシテ神仏ニ縁由アルモノ

　ここから浮かび上がるのは、歴史、風致、名所といった、いわゆる名所旧跡を髣髴(ほうふつ)とさせる概念とともに、天皇との関係である。丸山は、ここに「その特徴として網羅的な枠の中から歴史、特に天皇にかかわる評価軸を用いようとする傾向を知ることができる。そして何よりも『美術』に関わる視点が全く欠落していた」[16]と断じている。

　だが当時、「美術」という概念は、いま考えるところのそれとは遠くか

け離れたものであった。その点は佐藤[17]らに詳しいが、西洋から輸入した「美術」そのものの概念規定があいまいなままに「国粋」という軸にからめとられていった状況のなか、美術官僚が、天皇を中心とした評価軸を批判するにたる「美術」概念を確固としてもっていたとは考え難い。したがって、「古社寺保存法」は、「美術」を心得た美術官僚が、「美術」のわからない内務省官僚の政治力に屈した、というのはいささか言い過ぎである。そうではなく、「古器旧物保存」の布告から古社寺保存法の成立にいたる紆余曲折は、「日本」の歴史を解釈し、「古社寺」・「古美術」といった概念を創造するプロセスとして理解すべきである。そしてそのような概念形成は、概念や言説が複雑にまじわりあった価値の構造がかたちづくられていく運動そのものであった。

第6節 「保存」の政治

　前述のように1897(明治30)年に「古社寺保存法」が成立する。古社寺保存という制度は、日本の宗教空間のもつ意味を次の二つの意味で大きな影響を与えたといえるだろう。

　一つには、社寺が保存されるべき対象になったことによって、社寺は「古建築」という範疇に入れられる。つまり社寺は「復原」の対象となり、それ以後の建築的表現から分断される。そのことは近代の社寺造形にとって、非常に大きな意味をもつ。つまり、様式を再生産するという所作が、近代の社寺建築にとってもっとも重要なものとなる。ひいては建築というメディアを通して、「日本的なるもの」というイメージをいっそう強固にしたといえる。

　もう一つには、1888(明治21)年の帝国博物館の発足とあわせ、寺院や神社といった宗教空間という環境と不可分であったはずの仏像などが

「古器旧物」として、博物館という抽象空間に囲い込まれることになった点である。それは日本の宗教空間が、美術や建築という新しい価値体系によって分断されることを意味した。

また見逃してはならないのは、「古社寺保存法」の成立が「保存」という概念を社会に浸透させる結果を生んだという事実である。同法成立から、全国各地で、その土地にある墳墓や遺跡、記念碑や城跡、行幸跡地など、それぞれに「保存会」「取調会」等の団体が設立されるようになった（表1）(18)。また、そのような動向は、日清戦争前後から始まる産業革命と地域開発の波が、日本の国土を改変していく情勢に対する反応という側面をももっていた。さらに、そのような「失われゆく」環境を保護するという動きは、まさに「日本」という単位の意識化と方向を同じくしていた。

1900年前後に『歴史地理』（1899年創刊）、『帝国古蹟取調会会報』（1900年創刊）、『史蹟名勝天然紀念物』（1914年創刊）、『歴史と地理』（1917年創刊）などが相ついで出版され、当時さかんに設立されつつあった保存会の設立やその活動を紹介した。さらに1894（明治27）年には志賀重昂が『日本風景論』を出版し、これがベストセラーとなる。このようにして庶民は「日本」という単位と、それによって規定される「国土」を俯瞰する視線を得てゆくのである。

重要なのは、そのような動向と相まって「保存」という行為が一般化し、その「保存」という記憶の行為を根拠づける上位概念として「日本」が要求されることになるということである。逆に言えば、そのようなプロセスを通じて、「日本」という単位は、いっそう確実なものとなっていったのだと言える。

また明治末期から大正期、すなわち神社合祀がピークに達する時期に、「模範町村」の育成が奨励された。神社中心主義もまた、模範町村の育成の手段であった。このような状況下、一村一社を徹底し、それに尽力した人や戦争で殉死した人の記念碑や忠霊塔といったモニュメントが建て

表1 1900年前後に設立された「史蹟」保存のための運動団体の一部

	団体名
1900	織田公彰徳会
1900	井出保勝会
1900頃	山室山神社保存会
1900頃	早良郡古跡調査会
1900頃	芝山観音寺保存会
1900頃	宇治保勝会
1900頃	有馬保勝会
1901頃	中村勝地保全会
1901頃	大和吉野古蹟保存会
1901頃	白河保存会
1902	湖東保存会
1902頃	秋葉神社保存会
1902頃	古蹟保存会
1902頃	清洲城保存会
1903	奈良大仏会
1903	高台寺保存会
1903	松本天守閣保存会
1906	本居宣長遺跡保存会
1911	史蹟名勝天然紀念物保存協会
1912頃	東北史蹟保存会

られるなどの動きが加速してゆく。つまり、神社が取り潰されているその傍らでは、新たな石碑が建てられるといったような、滑稽ともいえる状況が広がっていったのである。

1919(大正8)年に制定された「史蹟名勝天然記念物保存法」[19]は、前述したような団体のひとつである。これは、事業の主目的が皇室に関係するところにあった「帝国古跡取調会」の流れをくむ民間団体「史蹟名勝天然記念物保存協会」の運動が母胎となって成立した[20]。この協会は、1911(明治44)年に徳川頼倫により設立されたものである。同法成立以前にも、内務省は、保存協会の動きに関与していた。その理由は、先に述べた内務省の「模範町村」制度、その表彰や名君の顕彰などの「風教」政策と連動したという点にあると考えられる。

「史蹟名勝天然記念物保存法」は、天然記念物という学術的な対象を含んでいる一方で、「史蹟名勝紀念物ノ保存ハ我国体ヲ維持シ国民性ヲ涵養スル上ニ於テ一日モ忽諸ニ付スヘカラサルノ急務タリ」[21]という目的が明確に据えられていた。それが「急務」でなければならなかったのは、神社中心主義や模範町村制度などと時期を同じくしていることからもわ

かるように、対外的に「日本」内部を確立させる必要性からきていることは容易に想像できる。すなわち、一等国への仲間入りの名と実を手に入れるという外的な状況が作用していたと考えるのが自然である。

史蹟名勝天然紀念物保存法案に対する衆議院での審査で、政府委員、山懸治郎はその趣旨説明のなかで次のように述べる。

> 我国体ヲ維持シ国民性ヲ涵養スルト云フコトガ提案ノ理由書ニモ書いてアリマス、(中略)即チ我日本国土ト云フモノヽ特長ハ何處ニアルノカト云フト、日本ノ歴史、日本ノ山川風物ト云フモノガ、日本ノ特長デアリマスカラ、其歴史ヲ存シ、山川風物ノ中ノ特長ノアル所ノ名勝天然紀念物ヲ保存スルト云フコトハ、<u>言換ヘレバ日本帝国ヲ保存スルト同様デアル</u>、又之ヲ破壊スル場合ハ我国民性ニモ動揺ヲ来スト云フヤウナ大キナ目的ヲ持ッテ居ル法案デアリマス……(下線筆者)[22]

このように、「保存」とはつまり「日本帝国」の「保存」そのものであるということが明確に意識されている。このような「保存」概念は、共有可能な記憶の装置としての「日本」という単位を、内的に充填する役割を担ったのである。さらに明治天皇崩御のあと、「明治天皇聖蹟保存会」が、文部省保存課内で発足し、全国における明治天皇ゆかりの地を「聖蹟」として保存するよう動き始めた。

> 抑も明治天皇が四十五年の久しきに亙つて斯國斯民の爲めに全御肉身全御精神を御傾倒遊ばされて畏れ乍ら御犠牲とさへ拝せらるゝまでに御盡し下されたその廣大無邊なる聖恩に對し奉り、<u>御聖蹟を永く萬代の後までも保存し奉らねばならぬことは國家としても當然の責務である</u>。(下線筆者)[23]

丸山が再三指摘するように、これらに見られる「保存」概念が、「日本」の「歴史」への意識化へと庶民を誘い、天皇制原理のさらなる浸透という目的を伴っていたことは明らかである。だが本章で注目したいのは、「保存」概念が、そのように否定的にばかり捉えられない側面をもちあわせているいう点である。

　というのも、貴族院第三分科会で神社合祀不可が決議されたのは1918（大正7）年3月2日、これを受けてその年の5月、内務卿である水野錬太郎が改めて合祀反対の非を表明するに至る。このような結果は当然、後述する南方熊楠ら合祀反対論者の尽力によるところが大きい。しかし一方で、一般に浸透してきた「保存」運動が合祀反対のさらなる追い風になったことは十分に考えられる。現実に、各地での「保存」運動の盛り上がりを受け、「史蹟名勝天然紀念物保存法」が制定されたのは、合祀不可決議の翌年にあたる1919（大正8）年のことである。

　先にも述べたように、「聖跡」や史蹟の「保存」は、神社中心主義と連動した「模範町村」育成の立場から、称揚されてきた。その一方で、神社中心主義にもとづく神社の合祀・取り潰しは、1916（大正5）年ごろまで続く。ここに、神社合祀と「保存」の政治との皮肉な関係がある。つまり神社合祀事業は、多くの神社の森や自然を滅失した。ところが、まさにその神社合祀の理論的根拠となった神社中心主義や、それによる「模範町村」の動向によって、「保存」概念は浸透していったのである。その結果が、「史蹟名勝天然紀念物保存法」の法令化であった。しかしその潮流に押されて神社合祀反対の決議が下ったときには、すでにあまりに多くの神社や祠が取り潰されていた。

第7節　「廃絶」と「保存」という転倒の論理

　「保存」という記憶の営みはモニュメントだけでなく、多くの自然や風景を国土に残した。しかし「保存」運動は、日本の国土に遍在していた神社という空間の取り潰しと並行して行われたのである。この矛盾は、「保存」すべき対象として、旧来の神社の森は認識されていなかったところに由来している。それどころか、新しい価値体系による「保存」によって、神社の森のように失われゆく価値があるという事実が覆い隠されていったとさえ言える。そのような論理の転倒を、神社合祀反対運動に半生を賭した思想家、南方熊楠は見抜いていた[24]。

　南方は、歴史の浅い場所にいたずらに碑を建てるよりは、いま滅失しつつある熊野三山の社という歴史をもった聖なる空間を守れと主張した[25]。これは当時にあって、「保存」概念がもたらす概念的な空間創出という逆説的事態を見抜いた状況認識として評価しえる見解である。

　空間の近代化とは、このような「廃絶」と「保存」を表裏一体とする関係のもとに進行してきた。注目すべきは、「保存」概念とは、その「保存」の枠から逸脱する空間性の意義を黙殺せずにはいないということである。しかしその逸脱する空間性にこそ、人間と自然の本質的な関係が育まれている場合が少なくない。南方熊楠が心血を注いで守ろうとしたのはこの関係性である。そして現在、われわれがもう一度問い直さなくてならないのは、まさにこのような逸脱の空間性のもつ意義なのである[26]。

(1)　この数字は、明治10年代の調査から明らかになったもので、羽賀祥二『明治維新と宗教』(筑摩書房、1994年、328頁)によると、境内・外の無格社まであわせた明治初年の神社数は明らかではない。いっぽう村上重民『日本宗教事典』(講談社学術文庫、1988年、326頁)は、明治維新当時、「十七万を超える大小の神社」が存在したと述べている。このように各研究によって神社数に隔たりがあるのは、それだけ当時の神社の様相が多様で、かつ圧倒的多数であったため、その把握が困難であったことの証明でもある。

(2)　神仏仏習合にとって、空間が決定的に重要な役割を果たしたという視点は、桑子敏雄『環境の哲学』(講談社学術文庫、1999年)、『西行の風景』(NHKブックス、1999年)ですでに明快に提示されている。

(3)　「抑神道ノ事ニ於テハ、臣未タヲ悉クスル能ハスト云エトモ、決シテ所謂宗教タル者ニ非スヲ知ル。然而方今新ニ之ヲ宗教ニセントスルモ、害ヲ内ニ蓄テ侮ヲ外ニ取ルヤ甚シ。昔ハ仏教ノ未タ入ラサル、本邦只治教アルノミ。是以テ治教ノ下宗教アルヲ妨ケスト云ヘトモ、宗教豈一人ニシテ両ツ乍ラ持スル事ヲ得ンヤ。(島地黙雷『島地黙雷全集』第1巻、本願寺出版協会、1973年、65頁)。

(4)　この周辺の事情の文責については、葦津珍彦『国家神道とは何だったのか』(神社新報社、1987年、34-36頁)に詳しい。

(5)　「臣私ニ為ラク、和漢ノ従来政教ヲ誤ル往々此ニツヲ混同スルニヨレリ。…教志條三章第一二日、敬神愛国云々、所謂敬神トハ教也、愛国トハ政也。豈政教ヲ混同スルニ非ズヤ。」(島地黙雷『島地黙雷全集』第1巻、本願寺出版協会、1973年、39頁)。

(6)　葦津珍彦、前掲書、101頁。

(7)　中島三千雄「『明治憲法体制』の確立と国家のイデオロギー政策」『日本史研究』176号、166-191頁。

(8)　櫻井治男『蘇るムラの神々』大明堂、1992年、20-21頁。

(9)　森岡清美『近代の集落神社と国家統制』吉川弘文社、1987年。

(10)　藤田勝也・古賀秀策編『日本建築史』昭和堂、1999年、30頁。

(11)　伊東忠太「神社建築の形式は一定すべき者なりや」『神社協会雑誌』第1号、1902(明治35)年、6頁。

(12) 同上、8-9頁。
(13) このような所作はとりもなおさず「創造」的行為であるという側面もまた否定できない。この点については、藤岡洋保が言及している(「内務省神社局・神祇院時代の神社建築」『近代の神社景観——神社局時代に投影された神社——』中央公論美術出版、1998年、460-483頁)。
(14) 丸山茂『日本の建築と思想——伊東忠太小論』同文書院、1996年、131頁。
(15) 官報第三千五百二十六號(1895〈明治28〉年4月5日)。
(16) 同上、134頁。
(17) 佐藤道信『〈日本美術〉の誕生』講談社選書メチエ、1996年。
(18) 西村幸夫「「史蹟」保存の理念的枠組みの成立——「歴史的環境」概念の生成史 その4」『日本建築学会計画系論文集』第452号、1993年、177-186頁より作成。
(19) 「史蹟名勝天然紀念物保存要綱」は『史蹟名勝天然紀念物』第2巻第1号(1919〈大正7〉年2月、1頁)に詳しい。
(20) 史蹟名勝天然紀念物保存協会の沿革については、「史蹟名勝天然紀念物保存協会年表」、『史蹟名勝天然紀念物』第11巻第12号(1936年12月)所収。
(21) 大正8(1920)年3月8日配布、史蹟名勝天然紀念物保存法案理由書。『41帝国議会法律案 政府提出・議員提出(衆)1918－1919』国立国会図書館所蔵。
(22) 第41回帝国議会衆議院委員会議録(速記)第3回、大正8(1920)年3月19日、『帝国議会衆議院委員会儀録 22』 臨川書店、1983(昭和58)年、313－314頁。
(23) 西郷從徳「明治天皇聖蹟の保存に就て」『史蹟名勝天然紀念物』 第8集第1号、1933(昭和8)年、1－10頁。
(24) 南方熊楠の合祀反対運動については、第3章を参照のこと。
(25) 「今日史跡勝景保存会といいて、全く古えの風を存せざる飯田町や不忍池畔へ馬琴や季吟の碑を立つるよりは、何とぞ只今救わば救い得るこれらの熊野諸社の林地を保護し、成ろうことなら復社させやるよう御運動下されたきことなり。」(『南方熊楠全集』第7巻、平凡社、1973年、500頁)。

（26）現在にも、「廃絶」と「保存」の関係は、自然保護や環境行政の抱える矛盾として引き継がれている。たとえば、白神山地を人間との接触を絶った「聖域」として囲い込むこともまた「保存」の一例として捉えることができる。すなわち白神山地を保護しようとするひとびとの動機のひとつとしては、土地との「かかわり」があった。この「囲い込み」はいかにも本末転倒した事態であり、「かかわり」そのものを排除するということを意味した。この点については、亀頭秀一『自然保護を問い直す──環境倫理とネットワーク』（ちくま新書、1996年）に詳しい。

第3章　自然保護の思想と実践

千田　智子

第1節　思想と実践のダイナミズム

　現在、自然保護の思想と運動は、ややもすればスローガンを高く掲げるだけに終わったり、数値的データの議論だけに終始したりしがちである。その一方では、度を越した現場主義が標榜される。自然保護の問題では、思想と実践をどう連結させるかが非常に重要な課題である。

　いまわたしたちに求められているのは、多様な学問性や精神性をおろそかにすることなく、身体によって具体的に感知される空気や水、植物や生物の存在を保証することである。学問性と実践性を両立させ、その両側面を融合させるような関係を個人にも社会にもつくり出すことが必要である。

　自然に対する思想と実践双方からのアプローチを先駆的に成し遂げた人物として、南方熊楠(1867−1941)という重要な存在がある。明治末期、

全国的に神社の合祀が行われた[1]。これは、政府の宗教政策であるとともに、地域行政策でもあった。南方は、この大規模な国土の変貌をもたらした政策に対して「待った」の声を挙げた。南方の曲折に富んだ反対運動の思想的基盤を明らかにするとともに、それを社会に向けて開示しようとした実践を考察することは、現在の環境問題に対して、思想と実践のあり方を考える手がかりとなるだろう。南方にとって、思想と実践を結びつけたのは、言語と言語を超えるものが生み出す緊張関係のダイナミズムであった。このダイナミズムを捉えることによって、現在の環境保護の思想と運動に対して、大きな示唆を得ることができる。

第2節　合祀反対運動の開始と産土神

　国家神道制[2]の一環として、1906(明治39)年12月、当時の西園寺内閣の内相であった原敬は、一町村につき一つの神社にまとめよという神社合祀令を出した。だが当初、一町村一社というのはあくまで標準で、実際の運用に際しては、各地方の事情を考えて幅をもたせるよう通告していた。南方も、「埒もなき一私人、また凡俗衆が一時の迷信から立てた淫祀小社を駆除する」[3]と言って、原の合祀令じたいは評価していたのである。ところが原にかわって、平田東助が内相となると状況は一変する。平田は訓令を厳格に実施するように地方に訓令した。さらに、取り潰す神社と残すべき神社の選定の権利を各府県知事に委ねた。そうなると、実績をあげるように、知事は郡に、郡長は町村長に厳しく命じて、とにかく神社を合併させようと躍起になった。また、この機に乗じて森林の材木でひと儲けしようとするひとびとすら多くあらわれ、行政の末端にある現場はいっそう混乱した。取り潰された神社の森の木々は、民間に払い下げられて伐採されたり、それを売却して私腹を肥やす官吏や

神職もいたという⁽⁴⁾。

　神社合祀の嵐は南方の住む和歌山県と、伊勢神宮のある三重県でもっとも猛威を振るった。和歌山県が神社の整理に着手したのは1901(明治34)年からで、当時県内の神社数は、官国幣社4、県社10、郷社14、村社640、無格社3,053の合計3,721社であった。それが、1911(明治44)年11月までに600社あまりに激減した⁽⁵⁾。このような時流に対して実際に反対の行動を起こす場が、自分の居を構え、植物採集の場でもあった紀州田辺であったことは、南方の反対運動の性質をよく現している。田辺は、熊野三山に至る熊野古道に入る西からの入り口にあたる。

　南方の闘争は、自分の生活の場において行われた。ほとんど孤軍奮闘で、彼は神社の廃絶、合併の事業に反対し続けたのである。南方が神社合祀反対運動にのりだしたきっかけは、南方自身の産土神である日高郡大山神社の合祀に対する怒りであった。大山神社は、南方の父の生まれた和歌山県日高郡矢田村(現在は川辺町)に鎮座していた。この大山神社が同村土生(はぶ)の八幡社に合祀されようとしていたのである。

　南方の合祀反対運動に火がついたのは、田辺に居を構えてから5年後の1909(明治42)年ごろである。それまでほとんど海外の雑誌にしか投稿したことのなかった南方が、いきなり地元紙に登場する。それまで彼の寄稿した雑誌は、日本よりむしろ世界に向けて発信する英文の論文が多かった。その彼が、沈黙を破って地元メディアに登場する。おりしも、田辺町の表玄関にあたる台場公園が大阪の実業家に売却され、町内では物議をかもしていた。その売却に反対の論陣を張る同紙の姿勢に共鳴して筆を執ったのが、最初の論文(「世界的学者として知られたる南方熊楠君は如何に公園売却事件を見たるか」)である。同じころ、南方の膝元である町内の古社四社が他社に合祀されようとしていた。南方が『牟婁新報』という地元紙に登場した動機は、公園の自然や勝景を守るという問題だけではなく、その背景には神社合祀の問題があった。神社の森も含めて、多

様な自然が息づく風景を、彼は守ろうとしたのである。

　それから彼は堰をきったように大量の論文や意見書を送りつけた。自然保護の必要性を訴える一方、神社合祀がいかにナンセンスで、将来の損失ばかり大きいものか、ということをけたたましく叫んだ。また文字どおり力づくで合祀事業を留めようとしたことから、家宅侵入の容疑で18日間の拘留を余儀なくされたこともある。そんな暴力沙汰の一方で、柳田国男らとの人脈を利用して在京の著名人に働きかけ、合祀中止の援護を要請したりもする。それに加えて、中央の新聞社に投稿して議論を起こそうとしていた。

　このように南方の反対運動は、激しい気性からくる豪放な側面と、政治問題として決着をはかろうとする戦略的側面とを併せもっていた。さらに、そのような合祀反対の全国的なうねりを引き起こす一方、南方は依然、産土神である大山神社に執着し続けた。つまり南方の神社合祀反対運動は、彼の出自にかかわる個別的な問題と、全国に働きかけてゆく視野の広さが共存していたのである。

第3節　闘争と疲弊

　南方にはとかく自由奔放なイメージがつきまとうが、田辺に移って家庭をもってからは、「一人身の時のやうにはふるまひ得ぬ」と、自分の行動を戒めようと努める述懐が少なからず見受けられる。神社合祀に精魂を費やした田辺時代に南方が書いたものは、普通の家庭人として俗世に引き込まれつつ、それまでの学問の蓄積を、社会に向けて発信しようとしたものだといえる。南方にとって家庭とは、自分の思想を限られた読者にではなく、広く世間に発信し理解を求めようとする態度の土台となったと考えることができる。

「小生は最初自分が専門の学問上より神社合祀に伴ふ神林の濫滅を止めんとて、此反対運動に出たるにて」と南方自身が言うように、彼が合祀反対運動を開始した出発点には、自分の専門である植物学の貴重な資料を失いたくない、という思いがあった。それは彼が、一貫して生命の不思議を探求し続けたからである。

南方の思考は、おおく書簡という形式をとってあらわれるが、大山神社について最初の記述があらわれるのは、1907（明治42）年12月7日付の手紙である。そのころすでに全国紙で論陣を張っていた南方の言葉には、疲弊の色も見えるものの、闘争の意気の高まりも感じさせる。

　　小生の神社合祀反対論は、東西両京に同意者多く、中には有力なる人も多きが、何分日本人の癖とて一心不乱にかゝる人なく、小生は今年又此事で学事大に後れたが、いつそ、どこ迄もやつてしまわんと存候。乃ち新聞で議論、其筋え建白、有力なる人士（佐々木侯抔え建議なり。[6]

しかし、そのころすでに、南方と彼の家族の心労は蓄積され、家庭は崩壊寸前であったことがつぎのような述懐からしのばれる。

　　ご存知通り、小生一人暮しのときは、至て、言行の正確に、豪傑らしくふるまい得たる男なれども、已に妻子ある以上は其懸念の為にさしひかえねばならぬこと多し。昨年秋十一月上旬にも、小生大山神社のことを懸念し、第一着に、当地の郡長を大攻撃し、其余波を以て、日高と東牟婁、有田の諸郡長を打たんとかかりしも、妻は、其事を大事件で宛かも謀叛如きことと心得、自分（妻の）の兄妹等官公職にあるものに、大影響を及すべしとて、子を捨てて里へ逃帰るべしと、なきさけび、それが為め、小生は六十

日近く期会を失し、大いに怒りて酒のみ、妻を斬るとて大騒ぎせしこともあるなり。[7]

こうした述懐に見られるような南方の葛藤は、自然保護という実践に携わるひとびとにとって共通のものではないかと思われる。また、南方はその気性から往々にして「事件」を引き起こす人物だっただけに、彼の合祀反対運動に対する記述は、そんな突飛な「事件」のエピソードばかりを強調する傾向がある。しかし南方熊楠という存在が、自然保護という観点から見て突出しているのは、じつはそのようなエピソードからははかり知れないところにある、思想と実践の関係にある。すなわち南方は、ただたんに自然を守るという実践だけに偏ったのではない。彼の実践はつねに思想と循環関係を形成していた。さらに、その思想は非常に高度なものであると同時に、実践を通してさらに深化していったのである。

第4節　思想と実践のはざまで

南方は反対意見について、あまりにも多くのことを語りすぎ、かえって彼自身の反対の動機が鮮明に見えてこない。そのわかりづらさは、彼の合祀反対運動がもつ二面性に由来していると考えられる。つまり、南方にとっての合祀反対運動は、彼の考える抽象的な思想のあらわれであるとともに、多くの人の心を動かす平明な言葉で語る必要があったということである。つまり、南方の思想と実践は循環関係を結びながらも、彼内部にある深い思想と、社会に向けた実践とのあいだには大きな溝があり、両者はつねに緊張関係にあった。

南方は、あまりにもスポークスマンとしての能力に恵まれていた。彼は『牟婁新報』投稿当初から、毎回ただ合祀の非を説いたのではない。た

とえば「田辺七不思議」といった、合祀問題とは直接関係のない話に終始することも多かった。これはたんなる気まぐれではなく、ひとびとに受ける話題を持ち出すことによって読者を増やし、自説に読者を引き込もうとする戦略をつねに働かせていた。

> 貴下等は、小生 牟婁新報に埒もなきおどけや耶蘇教攻撃などするを見て、これは神社合祀に何の効力のなしなど思うか知れず、(中略)埒もなきおどけでも、小生の書くものを人が面白がりて多く読み、小生の人受けがよくなれば乃ち小生の意見は何たるを知らずに其人人が通すなり。[8]

『牟婁新報』に限らず反対意見は、当然のことながら外に向かって「放送」されることを意識して書かれている。人に対する感化という南方の才能がもつ作用を考えないことには、彼の反対意見が内包する可能性をかえって見落とすことになるだろう。

南方は反対理由を、もっともコンパクトに「神社合祀反対意見」としてつぎのようにまとめている。

> 神社合祀は、第一に敬神思想を薄うし、第二、民の和融を妨げ、第三、地方の凋落を来たし、第四、人情風俗を害し、第五、愛郷心と愛国心を減じ、第六、治安、民利を損じ、第七、史蹟、古伝を亡ぼし、第八、学術上貴重の天然記念物を滅却す。[9]

ここには、非常に多くの内容が詰め込まれているが、表層をなぞる限り、誰もが理解しやすいように書かれている。もちろんこの意見書自体は、在京の識者に配布されることを予定して書かれているので、庶民に直接とどくわけではない。しかし、ひとびとを自説に感化し、意識を変

革させようとする限り、多方面のひとびとの賛同を無理なく誘い込むような問題提示のテクニックが必要とされる。今そこにある現実と隔たることなく、しかも自然と人間という問題を巨視的に捉え、問題を俯瞰する視線が、このとき必要になる。南方の実践の中心となった、ひとびとをひきつける言葉は、この視線によって生まれていったのである。つまり、このような南方の反対意見書は、たんに彼の考えを書きつらねただけのものではなく、実際の社会の動きを変革しようとする姿勢によって周到に再構成されているのである。

　さらに重要なのは、それらの言葉は一方で、間違いなく彼自身の学問的な履歴の帰結であり、彼の考える普遍的な善から出てきているという点である。すなわち南方の反対運動は、自説への感化という具体的な目的と、学問的履歴のひとつの帰結という抽象的な側面と、二つの方向から考える必要がある。

　中沢[10]は、その二方向のあいだにある揺れのなかで実践に向かう南方の態度を「絶妙な生の様式」と言い、鶴見[11]は「学問と実践が一致した」態度だと評した。それはおそらくどちらも正しい。しかしそれらの見解を裏返せば、合祀反対にかかわる南方の言葉は、普遍性を追求する学問や思想と、個別的な実践とのあいだに宙吊りになったものだといえる。南方は、一方では高度で、かつ複雑な抽象化をもって世界を読み解くモデルを提示した知的創造性をもっていた。それと、合祀反対運動のなかで明快に示された言葉とのあいだには、やはり大きな断絶がある。おそらく南方は、その中間地帯の不自由さのただなかにいた。

第5節　生命の不思議と「秘密儀」の風景

　『和歌山県誌』によると、和歌山県が神社の整理が始まったのは、全国

的にも先駆けた1901(明治34)年とされている。南方が「合祀令」と呼んで
いたのは、1906(明治39)年12月17日付で、和歌山県が郡市長宛てに通牒
した「神社の存置竝合併標準」であった。神社の存置基準を示したこの通
牒の実質的な内容は、神社合併の推奨であり、その基準は、内務省の示
した神饌幣帛料指定社の基準をもとにしている。ここに延喜式内社およ
びそれに準ずる神社に対する例外規定が設けられていた。この例外規定
じたいは神社の標準規定に幅をもたせるという意味あいをもったが、か
えって延喜式の正統性を保証し、かつ神社にとっての「標準」の体裁を強
化していくことになった。すなわちそれは、設定された「標準」から逸脱
する神社の歴史を、恣意的に黙殺し、一方的に切り捨てることを意味し
た。ところが、もちろん南方は、そんな概括めいた抽象論を好まない。
同じことを語るにしても、彼は、限られた地域に根ざし、実際に闘うこ
とで、個々の事例との接点を保ちながら語り続けるのである[12]。

　南方の合祀反対論は、あらかじめこうと決められていたというよりは、
土地への愛着という、ややもすればエゴイスティックと評されかねない
動機から発し、個々の実践の積み重ねから、選び取られていった言葉で
ある。しかしその言葉の力によって、合祀反対運動は全国的なうねりへ
と発展していき、のち1918(大正7)年、貴族院で神社合祀不可が可決さ
れるに至るのである[13]。

　では、南方熊楠の思想の核とは何であったのか。その問題の中心に、
次の文章で触れられる、森のなかの「秘密儀」の感覚がある。

　　プラトンは、(中略)秘密儀mysteryを讃して秘密儀なるかな、
　　秘密儀なるかな、といえり。秘密とてむりに物をかくすというこ
　　とにあらざるべく、すなわち何の教にも顕密の二事ありて、言語
　　文章論議もて言いあらわし伝え化し得ぬところを、在来の威儀に
　　よって不言不筆、たちまちにして頭から足の底まで感化し忘るる

能わざらしむるものをいいなるべし。(下線筆者)[14]

　この「秘密儀」の感覚には、南方の思想的な核が包摂されている。同時に彼の合祀反対の主張は、この感覚を基礎に据えてこそはじめて理解できる。南方は神道と関連して、ここで「秘密儀」と呼んでいるような感覚について語っている。かといって、南方は神道の教義自体はまったく評価していない。というのも、日本の神道は、難解な経典や、ものものしいモニュメントで人の心に伝わるようなものではないと彼は繰り返すのである。南方が伝えようとしているこの感覚をもつものは、明治に入ってから国家によって制度化されていく神道ではない。また、水戸学のように神道を教義的に固めていったものとも違う。「たちまちにして頭から足の底まで感化し忘るる能わざらしむる」というこの感覚は、自然に対して人が抱く素朴な敬虔さにもっとも近い。彼は何度も、言葉で伝える必要はないと言う。このような環境と精神が一体となるような身体感覚は言語化不可能なものだと南方は考えているのである。彼にとってもっとも重要なのは、森の静寂のなかで、自分の身体を通して直接に精神に刻みこまれてゆく神聖な感覚そのものであり、そこに言語が介入する余地はない。それは、森が人の精神に与えるプリミティブな宗教性とも関係している。このような身体感覚こそ、彼が「秘密儀」という言葉で言いあらわそうとするものである。「秘密儀」の感覚の重要性は、神道についての意見という枠に収まらず、南方の思想のきわめて中心に位置している。

　一方、人とコミュニケートするときは、つねに言語が介入する。とくに、自然保護といった、多くの人の関心を喚起させなければならないとき、言語はコミュニケーションの道具として不可欠である。ところが言語では、南方思想の中心となる身体感覚を十分に伝達することはできない。南方思想は、このような彼の思想の言語化不可能性を一方に置き、

言語化によって可能となる実践としてのコミュニケーションをもう一方に置いたうえで、はじめて理解できる。すなわち、相反する双方向の力が生むダイナミズムにこそ、南方熊楠という存在の本質がある。そしてこのような南方のあり方は、現在の環境問題に対するわたしたちにとっても、きわめて重要な要素を含んでいる。というのは、現在の自然保護は、言語を伴う実践ばかりが往々にして表面化し、身体感覚を核とした自然に対する思想が抜け落ちてしまっているからである。

里の神社の森も、南方が思想を極めた熊野の森も、彼にとっては秘密儀の感覚を身体に宿す空間、秘密儀の空間であった。彼が実践の場で心血を注いで守ろうとしたのは、この空間性そのものである。秘密儀の空間こそが、彼の学問・思想的展開の母胎であるとともに、実践においては守るべき直接の対象となったものである。「言語文章論議もて言いあらわし伝え化し得ぬところ」である秘密儀の感覚は、それを育む空間性と切り離して考えることはできない。その意味で彼の思想と実践は、深く空間性と結びついているとともに、相反した緊張関係にあるものであった。それは、合祀反対に関する意見を社会に対して語りかけるすべを「風景」という言葉のなかに見いだした、あの有名な言葉に象徴的に示されている。

　　　小生思うに、わが国特有の天然風景はわが国の曼陀羅ならん。[15]

南方が「風景」と言うとき、森や山や川といった、いわゆる景色を眺望する視線があると同時に、もう一方の視線は、指の先にも足らないほどの微細植物が繰り広げるミクロの世界まで到達している[16]。つまり、生命のネットワークを、南方は「風景」と見ているのである。そこでは樹木の一本一本や、シダの胞子の一つひとつというような密度の自然が繰り広げられている。それは、植物学的資料の宝庫であるとともに、「南方

曼陀羅」[17]に結実する精神的世界を育んだ、秘密儀の空間である。彼にとっては、植物に接することはすなわち精神的世界の探求なのである。那智の森という秘密儀の空間は、思想家としての南方と、植物学者としての南方を育てた。そして山を下りるとき、植物学者にとっての自然の世界、思想家にとっての精神の世界を統合し、神社合祀反対という実践のなかの言葉に転化させる必要が生じる。

　空間に対する南方の姿は、大きく分けて三つの側面から考えることができる。まず、合祀による神林の滅失が、学術上いかに大きな損失となるかを訴える植物学者としての南方の姿がある。「わが国の神林には、その地固有の天然林を千年数百年来残存せるもの多し。これに加うるに、その地に珍しき諸植物は毎度毎度神に献ずるとて植えられたれば、珍草木を存すること多く、偉大の老樹や土地に特有の珍生物は必ず多く神社神池に存するなり」[18]。その一方に、彼は思想家として次の言葉を残す。「定家卿なりしか俊成卿なりしか忘れたり、和歌はわが国の曼陀羅なりと言いしとか。小生思うに、わが国特有の天然風景はわが国の曼陀羅ならん」[19]。すなわち彼にとって、植物の繰り広げる「風景」は、秘密儀の空間であり、それがそのまま曼陀羅的精神世界であったのだといえる。

　さらに、植物学の知見と思想家としての精神性を統合しただけでは、社会を動かすには十分ではない。ひとびとに訴えかける言葉を紡ぎ出そうとするとき、彼は民俗学者あるいは社会学者として生き生きと語り出す。

　　　至道は言語筆舌の必ず説き勧め喩し解せしめ得べきにあらず。
　　（中略）上智の人は特別として、凡人には、景色でも眺めて彼処が気に入れり、此処が面白いという処より案じ入りて、人に言い得ず、みずからも解し果たさざるあいだに、何となく至道をぼんやりと感じ得（真如）、しばらくなりとも半日一日なりとも邪念を払

い得、すでに善を思わず、いずくんぞ悪を思わんやの域にあらしめんこと、学校教育などの及ぶべからざる大教育ならん。かかる境涯に毎々至り得なば、その人三十一字を綴り得ずとも、その趣きは歌人なり。（中略）無用のことのようで、風景ほど人世に有用なものは少なしと知るべし。[20]

　ここには民俗学者、社会学者としての彼の素養が遺憾なく発揮されている。そこに思想家としての理論的基盤があることは明らかだろう。南方の「風景」にあっては、環境と精神が一体のものとしてとらえられている。南方は、秘密儀の空間という、生命の不思議を探求する「風景」の思索から出発し、生命のネットワークとしての「風景」を守るという実践へと展開していった。

第6節　思想が社会へ開かれてゆくとき

　第4節で触れたように、南方の八項目の神社合祀反対意見は、言葉としては平明すぎるほどに平明である。ところが未だにそれは、自然と人間との関係に対する深い問いかけへと導いている。それを証明するかのように、南方に自然保護の精神を見いだそうとする多くのひとびとに、この言葉はいくどとなく引用されている。

　南方熊楠の合祀反対運動は、単純に彼の長い学問生活の結果として語られることも少なくない。だが、彼は反対運動を率いるスポークスマンとしての役割と、それ以前に培った学問とのあいだの不安定な状態につねに置かれていたことに注意すべきである。そのような、眼前で起こっている事象と、自然と人間の関係についての抽象的思考との中間地帯に、南方はいた。それは同時に、言語によるコミュニケーションという実践

と、言語化不可能な身体感覚を核とする思想のあいだの緊張関係に、彼が身をおいていたことを意味している。さらに、その緊張関係によって南方の思想と実践は、たえずダイナミズムを生じ、彼の思想は実践として社会へと開かれていったのである。

　思想が社会に対して開かれてゆくとき、南方はできる限り平明な言葉を紡いだ。この点は非常に重要である。すでに述べてきたように、南方自身においては思想と実践の調和がとれていたわけではない。むしろ両者の生む不安定さと、非言語的な身体性をもととした思想を、言語に転換する困難こそが、南方熊楠という存在そのものであった。しかしそのような思想と実践の切迫した関係のなかから、社会に届く平明な言葉を南方は創造し続けたのである。環境に対して、そして生命に対しての倫理を構築しようとするわたしたちにとって、いまもっとも欠けているのは、このような思想と実践のダイナミズムによる創造性なのである。

　すなわち思想と実践は、言語を超えるものに対する態度と、言語をどう用いるかということに対する意識によって連結されるのである。この意識を明確にもつことが、さらに深刻さを増す、自然と人間との亀裂をまえに、いまわたしたちに求められていることなのである。

(1)　神社合祀の詳しい経緯については第2章を参照のこと。
(2)　「国家神道」時代の区分については諸説あるが、ここでは阪本是丸『国家神道形成過程の研究』(岩波書店、1994年)に拠った。
(3)　明治44(1911)年8月29−31日付　松村任三宛書簡、全集第7巻、509頁。
　　　なお、本章における南方のテキストは、平凡社版『南方熊楠全集』第10

巻＋別巻 2 巻（1971−1975 年）（以下、『全集』とする）。と南方文枝『父南方熊楠を語る』（日本エディタースクール出版部、1981 年）所収の神社合祀反対運動未公刊史料に拠った。

(4) 南方文枝、同上、85 頁。
(5) 同上、吉井寿洋解説、148 頁による。
(6) 1909（明治 42）年 12 月 7 日付 古田幸吉宛書簡、同上、182 頁。
(7) 1910（明治 43）年 4 月 12 日付 古田幸吉宛書簡、同上、201 頁。
(8) 明治 43 年 3 月 19 日付 古田幸吉宛書簡、同上、194 頁。
(9) 明治 45（1912）年 2 月 9 日付 白井光太郎宛書簡「神社合祀反対意見」原稿、『全集』第 7 巻、562 頁。
(10) 『南方熊楠コレクション』（河出書房文庫版）第 4 巻、中沢新一解説、1991 年、63 頁。
(11) 鶴見和子『南方熊楠』講談社、1992 年、41 頁。
(12) 鶴見（同上書）の指摘にもあるように、ローカルに活動することを選択した南方の態度は、合祀問題を全国的に俯瞰して考える柳田国男と対照的である。
(13) 第 2 章第 6 節参照のこと。
(14) 1911（明治 44）年 8 月 29-31 日付 松村任三宛書簡『全集』第 7 巻、506 頁。
(15) 1912（明治 45）年 2 月 9 日付 白井光太郎宛書簡「神社合祀反対意見」原稿、『全集』第 7 巻、559 頁。
(16) この視点は、現代の生態学に通じるネットワークという第 9 章で展開される視点に通じる。
(17) 南方の思想的展開については、千田智子「南方熊楠におけるヨーロッパ的科学思想と密教的世界観の統合」『比較思想研究』第 27 号（2000 年、44-50 頁）を参照されたい。
(18) 1912（明治 45）年 2 月 9 日付 白井光太郎宛書簡「神社合祀反対意見」原稿『全集』第 7 巻、559 頁。
(19) 同上。
(20) 1912（明治 45）年 2 月 9 日付 白井光太郎宛書簡「神社合祀反対意見」原稿、『全集』第 7 巻、559 頁。

第4章 「国土の均衡ある発展」の理念

緒方 三郎

第1節 国土開発行政

　20世紀後半、所得水準や生活の利便性を向上させ、国際的にも高い生活水準を実現するとともに、豊かな自然を守り、環境を維持することは国土政策の中心的な課題であった。この課題を目標として国土政策の長期的な方向を描いたのが、全国総合開発計画(以下、全総という)である。5度にわたって策定された全総では、策定の度に政策がめざすべき理想として、理念と基本目標が掲げられた。全総は、「全国総合開発計画」という名がついているが、個別の実施計画ではなく、国土のあり方について大きなビジョンを示すものであった。

　全総は「国土の均衡ある発展」を理念に掲げてきたが、この理念による事業がもたらしたものは、皮肉なことに、むしろ地方の特色を喪失させるような国土の均一化であった。国の政策が国土の発展を望みながら、

地方性の喪失を促したというこの逆説的な事態は、21世紀の国土政策のあり方に大きな疑問を投げかけている。

21世紀に望まれている地方の豊かな特色を生かす政策にとって、国の政策による理念策定はどのような意味をもっているのだろうか。本章では、地方の特色を「風土」という概念に求め、全総の理念と風土性のかかわりに注目することによって、国の総合政策における理念形成の意義について考察する。

国による「国土の均衡ある発展」という理念から考えると、地方の特色を生かし、風土を重視する視点とは一見相容れないように見える。しかし、5度にわたる全総の歴史から見ると、第三次全国総合開発（三全総）では、地域の特色ある発展という視点が盛り込まれている。つまり、風土的視点が理念として盛り込まれていたのであるが、現実には、一種のスローガンとしてのみ機能し、具体的な事業をしっかり統括する役目を果たすことはできなかった。そこで、この章では、三全総に盛り込まれた風土的視点がどのようなものであったかを分析し、その理念としての意義を評価しながら、結局風土性を理念として掲げるということそのものが全総そのものの理念と抵触していることを示したいと思う。

第2節　全総の理念

五つの全総の理念および基本目標を貫く考え方について触れるために、**表1**を参照する。これは各全総の概要であり、ここに記述されている目標は日本の国内政策の目標でもある。

全総にはさまざまな理念や基本目標が掲げられており、策定された時代の情勢によって相違がある。しかし、五つの全総を通じて一貫しているのは、資源（人口、資本、情報）の都市集中の緩和、地域格差の縮小を

表1　全国総合開発計画の概要

	概　要
全国総合開発計画 1962(昭和37)年	高度成長経済への移行、過大都市問題、所得格差の拡大を背景に策定された。地域間の均衡ある発展をめざして、都市の過大化の防止と地域格差の縮小、自然資源の有効利用、資本・労働・技術等の諸資源の適切な地域配分を基本目標とした。 　拠点開発構想を掲げ、昭和45年を目標年次とした。
新全国総合開発計画 1969(昭和44)年	高度成長経済のさなか、人口・産業の大都市集中、情報化・国際化・技術革新の進展を背景に策定された。 　豊かな環境の創造をめざして、長期にわたる人間と自然との調和、自然の恒久的保護・保存、開発の基礎条件整備による開発可能性の全国土への拡大均衡化、地域特性を生かした開発整備による国土利用の再編効率化、安全・快適・文化的環境条件の整備保全を基本目標とした。 　開発は大規模プロジェクト方式を採用し、昭和60年を目標年次とした。
第三次全国総合開発計画 1977(昭和52)年	オイルショックの経験後、安定成長経済、人口・産業の地方分散の兆し、国土資源・エネルギー等の有限性の顕在化を背景に策定された。 　人間居住の総合的環境の整備をめざして、限られた国土資源を前提とする、地域特性・歴史的伝統的文化を尊重する、人間と自然との調和をめざす、を基本目標とした。 　定住構想を掲げ、目標年次は昭和60(65)年とした。
第四次全国総合開発計画 1987(昭和62)年	人口・諸機能の一極集中、産業構造の急速な変化による地方圏での雇用問題の深刻化、国際化の進展を背景に策定された。多極分散型国土の構築をめざし、特定の地域への人口や経済機能、行政機能等諸機能の過度の集中を解消し、地域間・国際間での相互補完によって交流する国土の形成を基本目標とした。交流ネットワーク構想を掲げ、おおむね昭和75(平成12)年を目標年次とした。
新しい全国総合開発計画 1998(平成10)年	地球時代(地球環境問題、大競争、アジア諸国との交流)、人口減少・高齢化時代、高度情報化時代を背景に策定された。多軸型国土構造形成の基礎づくりを目標とし、参加と連携(多自然居住地域、大都市のリノベーション、地域連携軸の展開、広域国際交流圏の形成)を戦略推進指針とし、目標年次を2010年から2015年とした。

出典：国土庁資料より作成

目標としていることである。「社会資本整備による地域平等主義」と言い換えることもできる。この理念は「国土の均衡ある発展」ということばで表現され、国土政策のなかでもっとも大きな価値を与えられてきた。「均衡」とは、所得水準や生活環境の地域間格差をなくすことを意味してきた。

全総には、一度国(中央)に集中した富を開発行為により地方に再分配するための見取り図を与えるという性質がある。大きな地域格差を伴わない発展を考え、財源を左右しその実現を評価する主体は国家以外にない。「国土の均衡ある発展」という魅力ある理念は、国家が財源を保証することによって、十分な財源をもたない自治体が、他の地域並みに発展したいという欲求を満たすために受け入れやすいものであった。それゆえ、「国土の均衡ある発展」を価値づけることは、国による富の再分配という行為に正当性を与えるだけでなく、地域の主体性に対して大きな制約となってきた。

全総の特徴としては、つぎの五つの点をまとめることができる。

① 国家主導で開発プロジェクトが推進されたこと。
② 地域格差の解消をめざしていること。
③ ハードなインフラの導入中心の開発であったこと。
④ 策定の前提として経済計画(目標)があったこと。
⑤ 理念や基本目標の実現度を評価する仕組みを欠いていたこと。

①の国家主導の開発プロジェクトという点については、近年、国・地方自治体の財政状況の悪化から、国土開発の目的や手法について両者の間で意見の衝突が見られるようになった。地方分権化が進めば、地方自治体の責任で意思決定する部分が増える。しかし、国と地方自治体との

間での意思決定権限の線引きによって、「国土の均衡ある発展」とはいうものの、財源措置も含めた意思決定機会の均等を意味してはおらず、意思決定そのものは、国の機関に残された。

②の地域格差の解消ということの背景には、明治以降の我が国の近代化に伴って顕在化し、戦後も加速化した都市化の問題がある。都市周辺に生産基盤が集中し、地方から労働力の担い手を吸収し、文化や情報の発信は圧倒的に都市から地方に対してなされるようになったが、全総は、そのような構造の偏りの解消を目標とした。しかしながら、最初の全総が策定されて以降、都市への集中は解消されず、都市と地方とのさまざまな格差も継続したままである。

③のハードなインフラを導入することを中心として開発を進めることで容易になるのは、経済計画における目標の達成である。成果を把握しにくいソフト開発（人材育成等）などより、建設行為がそのまま実績とみなされる社会基盤整備や箱モノ行政の方が政策選択のうえで採用しやすい。現在は経済のソフト化が進んで、サービス業の占める割合が増加し、土木・建設中心の公共事業の経済波及効果は低下している。しかし、産業の乏しい地域における建設・土木工事の経済波及効果は未だに大きい。地方が独自の経済基盤（財政基盤）を築いていなければ、中央から公共事業の予算を導入することがもっとも容易な経済運営手段となる。

④の経済計画については、とくに新全総（1969年）までの国土開発行政の構造に端を発している。経済計画にのっとって全総が策定されたという事実は、国土開発を経済優先で行っていくという考え方を示すものであった。元来、戦後の国土開発行政は1972（昭和47）年に国土総合開発庁（1974年に国土庁と改称）が設置されるまで経済企画庁の総合開発局を中心として、経済成長を目的としていたものであり、経済優先の仕組みを効率化するために制度化したものである。時代を経るにつれてひとびとの暮らしが物質的に豊かになり、生活が急速に変化を遂げるなかで、経済

復興という当初の目標から生まれた経済優先の仕組みだけが残り、時代の状況変化に対応できなくなっていった。

⑤の評価システムの欠如については、全総の理念や基本目標の実現度を評価することが困難な理由に、評価対象の不明確さという問題がある。たとえば、開発事業と自然環境保護との問題を例にとると、この問題を解決するために現在行われている代表的な手法は、環境アセスメントやパブリック・コメントである。これは利害関係者の意見を聞く機会を設け、問題がある場合は歯止めをかけるという仕組みである。しかし、このような手法が機能する前提として、開発の対象や内容が明確になっていなければならない。全総のような理念提示型の計画の場合、このような手法が有効でないのは、計画策定の段階で何が開発の対象となっているのかが不明確だからである。たとえば、新しい全総では「新国土軸」が記述されていても、整備新幹線を敷設する、橋をかけるといった具体的な事業内容については記述していない。これでは、どの土地をどのような目的で開発しようとするのかを判断することができない。このように事業内容を具体化、明文化していない全総のレベルでは開発内容のチェックができず、掲げられた理念が実現できるかどうかというチェックは不可能ということを意味している。掲げられた理念が絵に描いた餅になるのはそのためである。

さらに、国による上位計画と地方自治体による下位計画との階層構造が存在する。このような現行の開発計画の策定環境を前提にした場合、上位計画で掲げられた理念を下位計画の実施時に実現するためには、理念を引き継ぐ制度が必要である。下位の開発計画を策定する際に、上位計画の理念の実現という観点から、事業内容の確認を義務づける必要があった。下位計画の策定作業には上位計画の策定主体が関与してきた。上位計画の策定主体は上位計画の理念を説明し、地域における各理念の実現に関する具体的な基準（最低限遵守しなければならない基準）作成や、

基準間の事前調整に参加することが求められた。

　上意下達による国家主導の全総は、行政指導のかたちで、上位計画の下位への関与という機能を果たしてきた。しかし、1970年代に至ると公害問題の社会問題化や環境意識の高まりから、高度経済成長期の全総に対する反省が起こり、地方への独自性への関心が強くなった。そこで全総もこのような独自性に対する視点をその理念に盛り込むようになった。

第3節　風土とその変化

　全総がもつ国家主導の計画は、地方の特色ある発展を阻害したが、では、地方の特色ある発展の基礎にはどのような視点があるのだろうか。ここでは、「風土」をキーワードにこの点について考えてみたい。

　「地域固有の風土」というように、風土の概念の意味するものは、地方の多様性、多面性である。わが国には『風土記』をはじめとして、風土を対象とした記述が数多く残されている。これらは諸国固有の特性を記述したものであって、「風土」ということばには、このような「特性」という意味が含まれている。

　風土という概念を地域の自然環境としてだけでなく、その歴史性も含めて議論したのが和辻哲郎であった。和辻は『風土』で、ひとの存在構造を「時間性」と「空間性」の両方から捉え、ひとの存在が個人的な性質と社会的な性質との二重性でなりたっているということを、風土性を切り口として明らかにしようとした。和辻によれば、「風土」とは、「ある土地の気候、気象、地質、地味、地形、景観などの総称」である。しかし和辻の独創性としては、古くは水土ともいわれる風土の現象を、人間の自己了解のしかたとして捉えた点にある[1]。個人的、社会的という二重性

を有する人間の自己了解のしかたを、歴史と密接に結びついたものとし、歴史とはなれた風土もなければ、風土とはなれた歴史もないとした。空間的概念としての風土と時間的概念としての歴史とを不可分のもの（相即不離）としたのである。

　和辻の風土概念に依拠すれば、風土は地域空間に固有の概念であり、自然環境をさすだけでなく、生活環境、経済・社会環境、文化的環境をも内包する。風土性は地域空間そのものの存在を指示し、地域空間に存在する人によって深く認識される空間の性質である。風土性の概念は、風土がもつ客観的な性質と同時に、主観的な、ひとびとの身体に備わる五感やその記憶をも含んだ性質を有している。風土性において、主観性と客観性の二つの側面は分かちがたく結びついている。

　風土性の客観的な側面とは、風土を数値データとして表現することができるような、誰もが共有できる性質をさす。これらは大別すれば、自然・気候・地形・地味・景観などの自然環境の特徴・性質と地域固有の生活・慣習などの社会・文化的環境の特徴・性質とに分類することができる。したがって、風土性の客観的な側面とは、おおむね環境の特徴と言い換えてもよい。ただ、場所（空間）や歴史（時間）といった概念と分かちがたく結びついていることが、たんなる環境の性質とは異なる点である。

　一方、風土性の主観的な側面とは、客観的な側面のように簡単には数値で表現できないものである。それは、風土から受け、時間を経るにしたがってわたしたちのなかに形成され、固着していった性質のことであり、味覚や触覚などの五感（肉体的反応）、ものの感じかた（感性）の総体である。わたしたちは、ある特定の場所で重ねられた経験により記憶が形成され、外界に対する反応がパターン化される。風土性の主観的な側面もまた、場所や歴史と分かちがたく結びついている。

　風土性には、時間的な側面、すなわち歴史性が含まれていると述べた。

この歴史性の観点から、風土性の客観的な側面と主観的な側面に関するわたしたちの認識にギャップが生じることがある。自然環境や社会・文化的環境といった風土の客観的側面が変化しても、わたしたちのなかにある風土性の主観的な側面は残っており、そのような外界と自己の内とのずれが、あるときは快感を、あるときは違和感・喪失感を生む原因となる。

　風土性の多面性を構成する要素のそれぞれを価値として掲げると、お互いに相容れない事態が発生する。たとえば、開発行為による利便性の追求（道路を建設した方がよい）と環境保護（自然を守った方がよい）との間で生じる軋轢である。他にも、建造物の建設と建設用地内の歴史的遺産を遺すこと、田畑の宅地への転化と農地としての存続などがある。

　同じように風土性の主観的な側面にも影響がある。高層住宅の建築や河岸工事による環境の変化は、わたしたちの経験や記憶と環境との関係を断絶させ、わたしたちに新しい関係を迫る。国土行政によってわたしたちの「自己了解の仕方」[2]は変化を余儀なくされることになる。

　開発計画が風土に大きな変化をもたらしたことは、全総が実行された二十世紀後半に誰もが経験したことである。開発行為が風土に与えた客観的な側面と主観的な側面をともに認識することが重要である。

　風土性の変貌のなかでわたしたちの生活とそれをとりまく環境も大きく変化した。自然環境では植生や景観、文化的環境では家電製品の普及やモータリゼーションの進展、食生活が挙げられる。

　モータリゼーションの進展や交通網の整備はわたしたちの移動距離を増大させたが、同時に、わたしたちは風景の連続性を失うことになった。歩いて移動するときには連続している風景が、高速移動によってスナップショット化する。風景が変わり、空間が変わるたびに、わたしたちの身体と世界との関係が変わる。その関係の変化になじめないまま、新たな空間との関係を迫られる。このような違和感の連続は、わたしたちと

世界とのつながりを希薄にしていく。

　食の変化もある。これらは農林水産業のあり方、すなわち農地、森林、海・河川といった国土のあり方とともに議論しなければならない問題である。我が国の第一次産業は戦後の市場競争のなかで敗退を余儀なくされ、産業基盤が脆弱化していった。スーパーに陳列される野菜から季節を知ることは少なくなり、名前も知らない野菜や魚が並べられている。地域でとれた「旬のもの」を食するという食文化は、むかしはそれほど贅沢なことではなく、食生活に彩りを与えるできごとであったが、それが今や贅沢なことになっている。

　植生や景観の変化は、公共事業や民間企業による地域開発によるところが大きい。戦後、わたしたちの身のまわりは土や木の世界からコンクリートの世界に急速に変わっていった。東京オリンピックのころから始まる高速道路網の建設はシンボリックなできごとである。コンクリートは地面を覆うとともにつぎつぎと空を覆っていった。このようなできごとを、わたしたちは風景の変化として視覚的に捉えることができるし、これらに伴って生じた局所的空間での温度や湿度の変化を体感として捉えることもできる。コンクリートやアスファルトの照り返しは、それらが地面を覆うまではなかったが、今日では日本中のまちで経験できることであり、典型的な風土として定着している。

　上に述べた環境と生活の変化は独立に起こったものではなく、国土空間の再編と密接に関係している。それらの結果としてもたらされた「快適な生活」は、なかばわたしたちが望んだものである。わたしたちは「快適な生活」を生活環境の向上、あるいは社会の進歩と捉え、望んだ。その一方で、風土の変化とともに、わたしたちのなかに形成されていた風土性をも変化させていったのである。

第4節　三全総——全総と風土性

　全総は、地方の多様性、多面性に対してまったく配慮を欠いていたかというとそうではない。三全総ではすでに述べたような変化を考慮し、風土性にあたる価値を盛り込んだ計画を策定している。

　三全総が策定されたのは1977（昭和52）年のことで、人間居住の総合的環境の整備を基本目標とし、限られた国土資源を前提とすること、地域特性・歴史的伝統的文化を尊重すること、人間と自然との調和をめざすこと、を掲げていた。その重要課題は、① 自然環境、歴史的環境の保全をはかる、② 国土の安全性と国民生活の安定性を確保する、③ 居住の総合的環境（自然、生活、生産）を整備する、④ 教育、文化、医療等の機会の均衡化をはかる、であった。このような三全総の目標年次は基準年次である1975（昭和50）年からおおむね10年間の1985（昭和60）年と、先の新全総にくらべて短く設定された。重要課題の③に自然、生活、生産を総合的に捉える姿勢が見える。この実現のために「定住構想」が打ち出された。三全総策定に至る経緯は以下のとおりである[3]。

　政府は、1972（昭和47）年に、進行中の新全総の実施をなかばでうち切り、新たな全総を策定することになった。その背景には国内社会や経済情勢の急激な変化がある。当時、土地問題、公害問題、巨大都市の問題など新全総の実施期間中にさまざまな問題が噴出していた。また、ニクソン・ショック（為替相場の変動相場制移行）やオイル・ショックなど国際情勢の変化もあって、財政計画の見直しがなされることになったことも一つの要因である。富の再分配の実施に赤信号が点滅し始めたのである。以上のような理由から、新全総に対する総点検作業が行われることになった。そこで、政府は、国土総合開発審議会の意見を受けて、新全総の総点検作業に着手した。

　総点検作業では環境問題対策を含めた八項目のうち、当時大きな問題

となっていた都市問題と土地問題の二項目が先出しで検討されることになり、のこりは国土庁発足後(1974年以降)にもちこされた。総点検作業は5年間を費やして実施されたが、その間になされた議論からつぎの全総のイメージが浮かび上がってくることになる。総点検作業は事実上三全総の準備作業でもあった。

　総点検作業が終了した翌年の1975(昭和50)年に「三全総の概案」が発表された。この概案は、1985(昭和60)年の人口、世帯数、国民生活時間の変化等の条件を踏まえて、人口の三大都市圏からの再配置の必要性を訴え、定住構想を提起している。そして、1977(昭和52)年には「二十一世紀の人と国土」が策定され、国土の望ましいあり方に関する考え方が提示された。そこでは、東京の問題よりも地方の定住性、地方都市の魅力について議論がなされ、人と自然との関係を軸に検討がなされた。これらを基本的なアイデアとして、同年、三全総が策定された。

　先の新全総の重要課題のなかには、広域生活圏を設定し、生活環境の国民的標準を確保することが挙げられていた。定住構想はそれを発展させたものであるという見方もできるが、背景となる考え方は異なるものであった。

　定住構想とは、「第一に、歴史的、伝統的文化に根差し、自然環境、生活環境、生産環境の調和のとれた人間居住の総合的環境の形成を図り、第二に、大都市圏への人口と産業の集中を抑制し、一方、地方を振興し、過密過疎に対処しながら、新しい生活圏を確立すること」[4]とされている。

　三全総では、過疎問題から定住性の喪失に着目し、定住するための条件を議論した。そこで、「都市、農村漁村を一体として、山地、平野部、海のひろがりをもつ圏域」[5]として全国に存在する、およそ200から300の定住圏に注目した。この定住圏の基礎となるのは、水系主義という考え方である。国土開発の政策立案者は、定住の条件について、この水系

主義をもっとも議論したという[6]。彼らには我が国においては江戸時代までは水系主義であったが、明治時代から新全総までの百年間は陸上交通主義に切り替わっているという認識があった。江戸時代までは水系に依存して地域社会が形成されていた。川の上流から下流に向かって、里山、畑、水田、あるいは村落や都市・城下町などというように、生活や政治・経済の舞台が一体となっており、流通も水運が中心であった。ところが、明治時代に実施された廃藩置県では一般的に河川を境界にして線引きがなされたことが多く、それはけっして川を中心として形成された地域社会のなりたちを考慮したものではなかった。そこで、もう一度水系を見直し、水系を中心とした風土のなかに定住性をどう求めるかを議論したのである。

　三全総について注目すべき点は、それまでの国土計画とは異なり、人間居住の総合的環境の整備を基本目標とし、自然環境、歴史的環境の保全をはかることを第一の課題として掲げていることである。交通・通信や工業の再配置といった施策はなくなったわけではないが、後退し、下位に位置づけられている。現時点から眺めると、これは環境重視ということが可能である。しかし、それはたんなる環境の保全を意味するものではなかった。戦後四半世紀が経過し、復興から高度経済成長を経たあとでひとびとの生活を省みたとき、そこには定住性の喪失があった。「定住構想」にかかわる議論は、もう一度水系を中心とした地域の風土性を見直すということであった。ひとびとの生活を考えたとき、地域社会のなりたち、地域社会をかたちづくってきた風土にふたたび目を向けざるをえなかったのである。

　「定住構想」は、ひとびとの暮らしと風土の関係に言及している点に新規性があったが、その実施にあたっては過去のスタイルが踏襲された。「定住構想」の実施はモデル定住圏の選定作業から始まった。モデル定住圏については、希望する各都道府県が市町村と相談して一つだけ選定す

ることになっていた。国土庁は15省庁（のちに警察庁が加わり、16省庁となった）の協力のもとで二回にわたって検討を進め、最終的に合計44のモデル定住圏を設定した。三全総の策定時に議論された水系は200から300ということであるから、その数からいえば少ないといえる。モデル定住圏の選定条件はつぎのようなものであった[7]。

一．その圏域が新しい計画手法としての定住圏整備のモデルにふさわしいこと。
二．都市と農村漁村を一体とした圏域で自然環境、生活環境、生産環境を総合的に整備していくうえで必要な一体性を有していること。
三．都市化・工業化が相当程度進展している地域、または都市化・工業化が極度に立ち遅れており、過疎現象著しい地域でないこと。
四．地方生活圏、広域市町村圏等の圏域と調整された圏域であること。

第5節　全総の理念とその実現プロセス

　三全総の重要なポイントは、「定住構想」にある。この構想には、ひとびとにとって居住するに値するその土地、その土地の地方らしさということが願意されている。その意味で風土性に対する配慮は盛り込まれていたものと考えることができる。しかし、施策が開発事業に姿を変えて推進される段階では、モデル定住圏の選定条件に見られるように、既存の社会・経済のポテンシャルが問題にされてしまったのである。たとえば、本間義人は、北上川流域を中心とした両磐モデル定住圏に対して、

モデル定住圏の内実は従来の地域開発手法を超えるものではないと批判している[8]。モデル事業は結局は、スローガンとしては、地域の固有性を掲げながら、他方全総の根本理念である「国土の均衡ある発展」をめざして実行された。

　全総の第一の課題は「国土の均衡ある発展」であり、中央が策定した国土計画に密接に結びついた公共事業は、国土計画による経済的価値を実現するための手段となっていた。全総が多面的な理念をうたいながら、その理念が「風土」と相容れないのは、「国土の均衡ある発展」という高次の理念の制約を受け、しかも、その実行段階では、事業を行うにあたって、実質的に経済的価値の実現に偏っていたからである。「定住構想」を掲げた三全総でさえ、モデル定住圏の選定条件として既存の社会・経済のポテンシャルを問題とし、土木事業を推進した。

　全総は「国土の均衡ある発展」という理念の下で経済的価値を優先し、生活の豊かさと引き換えに環境の豊かさを損なってきた。「国土の均衡ある発展」は、じつは、経済規模、社会資本投資額で測られてきた価値を均質化しようとする理念であった。

　一方、全総は経済的価値の実現を事業の中心とすることで、逆に金額で換算できない価値の実現を後退させた。すでに述べたように、風土性のさまざまな側面が有する価値には、その土地に居住するひとびとのもつ主観的な価値のように、金額換算ができないものがある。また、環境的価値については、金額換算の試みが存在するが、たとえ、金額換算されたとしても、経済的価値の比較だけで政策上の意思決定を行うことには問題がある。

　国土事業の理念形成という観点からすると、「国土の均衡ある発展」という理念そのものが経済的均衡のもとで解釈されるならば、そして、それが国の強固な指導のもとで行われるならば、全国一律の公共事業依存型の事業構造をはなれることは難しい。理念とは、広く目標とされる理

想であり、この理想が制度化されるなかで強制力を発揮するとき、地方の独自性をその政策のなかに許容することは困難である。全国を対象とする計画に理念を掲げること自体が地方の特殊性と抵触する可能性を常にもっている。風土を生かし、地方の特色を生かすような理念として機能するためには、風土について深い理解をもつ地方に財政的な措置をも含めた意思決定の権限を委譲し、国全体の理念としては、地方も合意できるようなものを掲げて、地方がその事業を有効に進めることができるような促進者の役割に徹するべきである。そのときに、三全総で示されたような地域の特色ある発展という理念は、はじめてその機能を発揮することができるであろう。

(1) 和辻哲郎『風土』岩波文庫、1979年、9頁。
(2) 同上、14頁。
(3) 経済企画庁編『経済企画庁 総合開発行政の歩み』1974年。
(4) 国土庁編『第三次全国総合開発計画』1977年。
(5) 同上。
(6) 下河辺淳『戦後国土計画への証言』日本経済評論社、1994年、156-157頁。
(7) 国土庁計画・調整局編『定住構想と地域の自立的発展』1983年。
(8) 本間義人『国土計画を考える』中央公論社、1999年、85-87頁。

第5章　都市政策と緑化幻想

真田　純子

第1節　都市緑化のイメージ

　明治維新と同時に、大量の西洋文化が日本にもち込まれ、国の政策の基礎となった。都市計画の分野においても例外ではなく、明治20年前後に東京や大阪で行われた「市区改正」によって、日本の近代都市計画は始まった。近代都市計画が日本に取り入れられると同時に、「都市緑化」という概念も欧米の都市計画から輸入され[1]、それ以降、都市を緑化するための政策はいままでに数多く実施されている。

　都市緑化政策は、都市に「自然を増やす」というその性格上、ほかの公共事業にくらべ異論の少ないことが特徴として挙げられる。実際、都市緑化のイメージは、つねに「よいもの、必要なもの」というポジティブなものであった。しかし、都市緑化の中身、つまり、「緑」の役割や政策の理念を詳しく見ていくと、さまざまな変化が見られ、また、ときには「緑」

そのものよりも、その「よい」というイメージが重要なファクターとなることもあった。

具体的には、終戦直後、「緑」は殺伐とした東京では心の糧として求められたが、のちに「排気ガスの吸収材」として扱われるようになったり、「環境によい」というポジティブなイメージが全面に押し出されたりした。

あらかじめ断っておくと、本章は、都市緑化政策の具体的な予算規模や事業内容について論じるものではない。先行研究をかえりみると、緑化の具体的な政策や制度についての研究は存在するが[2]、これらの研究は、「緑化」の価値を前提とした研究であり、理念そのもののはたらきや妥当性について考察してはいない。それに対し、本章で論じるのは、「緑化」の理念そのものである。本章では、「都市緑化」にまつわる政策の理念がどのようなプロセスで変化してきたのかを、社会背景と関係づけながら、時系列的に追う。当時「よいこと」と思われていたことが、社会全体のなかではどのような意味をもっていたのかを見ることで、「緑化」がじつは環境破壊の隠蔽装置として機能したことや、緑化そのものが制度化され自己目的化し、形骸化していったということを明らかにする。

第2節　都市緑化の始まり

関東大震災が1923（大正12）年に起こり、東京都心には甚大な被害が出た。震災直後、後藤新平が中心となって作製した帝都復興計画案略図には都市計画施設として多くの公園新設計画が盛り込まれた[3]。震災時に、上野公園や日比谷公園が避難場所として使用されたためである。また、震災の翌年、国際都市計画会議（ハワード[4]が設立した国際田園都市・都市計画協会の大会。現在のＩＦＨＰ）がアムステルダムで開かれ、大都市圏計

画の七原則が決議された。七原則のうちの一つは、大都市の膨張を抑制するために市街地の周囲にグリーンベルトを設置することであった。これら一連の流れを受け、1932(昭和7)年、都市計画東京地方委員会に東京緑地計画協議会が発足し、1936(昭和11)年には公園緑地協会が発足した。こうして緑地計画の準備は始まった。

　東京緑地計画協議会が決めた緑地の定義は「緑地トハ其ノ本来ノ目的ガ空地ニシテ宅地商工業用地及頻繁ナル交通用地ノ如ク建蔽セラレザル永続的モノヲ謂フ」[5]というものであった。「緑地」はもともと英語のOpen Space、ドイツ語のGrünflächenを訳した都市計画の専門用語であり、運動場や墓園なども含む広い概念で用いられていて、とくに「自然」を意識した「緑地＝緑の地」というものではなかったのである。当初、「緑地」ではなく「自由空地」と呼ばれたこともあったが一般化せず「緑地」という言葉が定着した。しかし「緑地」という言葉が使われたことにより、のちにこの都市計画上のOpen Spaceは「緑の地」というイメージで捉えられていくことになる。

　では、公園や緑地の必要な理由はどのようなものであっただろうか。公園緑地協会によると、「公園や緑地」が必要な理由は、教化、慰楽、郷土愛涵養、都市衛生、防火、防空などのためであった。当時、都市ではやっていた結核の原因を「太陽光線の不足と空気の汚染」であるとし、都市の衛生のため都市住民に公園や緑地が必要であると訴えていた。

　また、この時期、公園緑地協会は「工場緑化」の提唱もしていた。「工場緑化」の概念もとくに進んでいたドイツに学び、ドイツから輸入されたものである。「工場緑化」の意義は、次のようなものであった。

　　　工場に於ける従業員の健康保持と言ふことは最も重大なる意義
　　を有するものであつて、其の健康の如何と言ふことが工場生産能
　　力に大なる影響を及ぼすものであることは勿論、牽ひては國家經

済の上にも亦多大なる影響を及ぼすものがあると信ずるのである。[6]

　当時、工場は国家経済の中心であり、非常に重要な存在であったため、工場緑化によって労働者の衛生環境や娯楽環境に配慮することは、工場の生産能力向上の大きな目的だったのである。第6節で出てくる1960年代後半に公害防止の緩衝帯としてなされた工場緑化とはその意味合いが大きく異なることに注目したい。

　戦争が激しくなるにつれて空襲から都市を守ることが都市計画の中心課題となり、緑地計画においても防空が主な目的になった。1941(昭和16)年には防空法が改正され、空地を指定することが決まり、1943(昭和18)年には東京で防空空地帯と防空空地の指定がなされた。指定された防空空地帯は、東京緑地計画で計画された緑地を拡大したもので、防空空地の方は一ヵ所1,000坪程度のものがあらたに指定された。それらの空地は公共団体が国庫補助を受けて買収したが、そのまま農地として使用させ、必要に応じて事業を施行するという方針が採られた。

第3節　終戦直後の都市計画と緑化

　終戦を迎えた1945(昭和20)年、「防空」を目的とした戦時中の都市計画は見直されることとなり、緑地計画を含む都市計画は新たなスタートをきった。同年12月に閣議決定された「戦災地復興計画基本方針」では、戦後政治の自由主義化、民主主義化が目標として掲げられた。

　東京の戦災復興計画では「緑地計画」が大きな役割を果たしていた。この「緑地計画」で扱われる緑地には、用途地域制で指定される「緑地地域」と、都市計画施設である「緑地帯」(復興計画緑地)があり、緑地地域は、

戦時中の防空空地帯を受けついだため、戦前の東京緑地計画の環状緑地帯ほぼそのままの形となった。

　都市計画施設である都市内の緑地帯は、沿線緑地帯、丘陵緑地帯、水辺緑地帯その他の緑地帯から構成され、そのなかには開放された百万坪以上の御料地も含まれていた。復興計画では「緑地帯」の定義がなされているわけではないが、このころになると、「緑地」は「緑で覆われている土地」という意味合いが強くなってきた。

　緑地帯の形状は一つ一つは長細い帯状になっており、それらが組み合わさって全体的には網目状の緑地帯を形成し、都市をブロックに分割するように計画された。分割されたブロックのなかでは、住居、商業、工業の三地域を用途制によって分け、また、「デーリー・センター」や「ウィーク・センター」を設けるなど、E．ハワードの影響を強く受けた「理想的」な都市づくりをめざした。東京の戦災復興計画は当時の東京都都市計画課長、石川栄耀が中心となって作ったが、この計画は彼の計画理念がよく具体化されていた。

　計画のなかで、石川は文化を重んじ、「文化建設国家」の都市のためには「心身の健全なる可き環境の構成」が重要であり、「心身の中―『心』の健全なる為には、先ず都市美的な環境が必要である。都市美の手法は云ふ迄もなく緑化及空地化である」[7]と考えていた。このような思想を背景として、復興計画では都市景観への配慮もなされた。石川の考えた都市美にとっても緑地は重要な存在だった。緑地帯は沿線・沿道緑地帯、水辺緑地帯、丘陵緑地帯などからなっていたが、そのうち沿線緑地帯は、車窓風景を整えるとともに防火帯の役割があり、沿道緑地帯は「並木を規則的に植えたものではなく、極めて自然化した樹林帯として都市内に極度に自然要素を取り入れたい」[8]という考えのもとに計画されたものだった。また、丘陵緑地帯は東京の地形を風景的に活用しようとする目的で計画され、水辺緑地帯は「防火用取水施設」となりうるとともに「大

衆の日常の鑑賞物」となるものであった。

　このように戦災復興計画における緑地計画は、オープンスペースとして都市の防災や衛生に資する目的とともに、「都市緑化」の意図を含んでいた。また、建設省の広報誌『建設月報』で緑地帯について「自由と平和の首都を明るく緑に彩ろうといふ」[9]ものであると述べられているように、御料地の開放、都市の分割、高台・水辺の公共地化、緑化による都市美の実現などを盛り込んだ緑地計画は、少なくとも当時の都市計画家にとっては戦後の平和的文化的国家の象徴であったといえる。

第4節　理想としての緑化と開発

　これまで述べてきたことは、あくまで計画段階の話であって、現在の東京を見ればわかるように、計画された緑地帯はほとんど実現されていない。緑地帯に指定した地域につぎつぎと建物が建てられたことも計画縮小の要因として重要な位置を占めているが、決定的に計画が縮小されたのは1950(昭和25)年のことである。アメリカのドッジ公使により「経済安定9原則の実施に関する声明(ドッジ・ライン)」が発表され、復興計画は交通、防災、保健上に必要な限度に縮小されることになった。美観上植樹帯を設置するよう計画されていた街路や帯状の緑地帯も縮小の対象となった。

　復興計画がつくられた当初、大量の緑が平和的文化的国家の象徴として計画されたが、緑に関する計画は縮小され都市機能上必要な最小限にとどめられることになったのである。さらに、同じ年の1950(昭和25)年、首都建設法が制定され、それを受けて翌1951(昭和26)年に首都建設委員会が発足した。委員会の使命は機能的な都市を建設することであり、こうして都市政策は「理想都市建設」から「都市機能整備」や「開発」の時代へ

と移行していった。

　しかし、このような時代状況でも都市緑化が無駄であると決めつけられたわけではなかった。「緑化」は理想として存在し、実際に政策からははずされはしたものの、「緑化」に関する啓蒙活動は熱心に行われ、民間のレベルにおいても「都市緑化」は盛んに言われていた。民間で行われていた都市緑化は、「都心に緑がないのは殺風景で殺伐としている」、「荒れ果てた工場や施設のまわりに木や草花を植えよう」といったもので[10]、気分的な、いわば心の糧のようなものだったといえる。

　理想としての緑と開発との関係をよく表している例に、千葉県柏市の光が丘団地がある。1956(昭和31)年に首都建設整備法が制定され、この法律で示された首都圏整備の構想では、都心である「既成市街地」(都心)とそのまわりの「近郊地帯」(グリーンベルト)、さらにその外側に「市街地開発地域」(衛星都市)というように、首都圏を三つに分けた。衛星都市とは「既成市街地への産業及び人口の集中傾向を緩和」する目的でつくられる「工業都市または住居都市」のことであった。その後、衛星都市として、各地にニュータウンの建設が行われたが、1957(昭和32)年に完成した光が丘団地もその一つであった。

　もともと松林だったところを切り開き、宅地造成してつくられたこのニュータウンには、"松林の中のニュータウン・光が丘住宅"というキャッチフレーズがつけられた。さらに、建設省の広報誌「建設月報」のなかでは、「偉容をほこる」とたたえ、「緑豊かな自然の環境と、のびのびと拡がった田園的な住宅団地の雰囲気」[11]と評している。

第5節　都市問題解決手段としての緑化

　戦災復興計画が、文化的平和的な都市という「理想」を実現しようとす

るものであったのに対し、終戦から約15年たった1960(昭和35)年頃、都市計画の中心は、東京都心の過密化に伴って問題になってきた生活環境の悪化を解消するという政策に変わってきていた。当時、都市の過密化によって、住宅の密集による下水処理や日照の問題が生じ、また、都心の道路には自動車があふれるようになっていた。このような状況を受け、過密による都市環境の悪化を防ぐということが重要な政策のひとつになっていた。

　都市の過密化による問題を解消する糸口として、都市公園が注目され始めた。終戦直後、都市公園は「文化施設」として、また、文化活動としてのレクリエーションを行う場所としての意義、つまり、ひとびとに西洋風の「文化的な」生活を保障する場所としての意義が与えられていた。その後、土地不足から、公園に公共施設を建てるなど、公園の意義は薄れつつあったが、60年代になり、都市の環境が悪化してくると、都市公園の目的は快適な都市環境を育成するという点に置かれるようになった。

　当時、東京都心は急激な人口増加によって過密都市としての弊害が至るところに出ていた。交通渋滞、交通事故、排水難、給水の不足などが都市の環境を悪化させているとする記述が、当時の『建設月報』や『園緑地』にはたびたび見うけられる。そのような都市環境のなか、都市公園は、文化活動を行うためではなく、過密などにより環境の悪化した都市からひとびとが抜け出すための「空地」として位置づけられた。

　「都市公園」は「理想都市」において文化性の高さをあらわす「文化施設」としてではなく、都市の過密化、交通事故の増加などの都市問題を解決する手段として計画されるようになったのである。過密による環境の悪化という、当時の都市における最大の問題を解決する手段となったことで、「都市公園」はふたたび都市計画において重要な役割をもち始めた。

　さらに、都市公園に求められたのは、「空地」としての存在意義だけで

はない。1959(昭和34)年5月26日、5年後に開かれる第18回オリンピック大会が東京で行われることが決定した。その後、首都圏の国際観光対策として都市の「美しさ」に関心が向けられることとなり、都市公園には都市美の担い手としての意義も与えられた。

「首都圏整備委員会」は、オリンピックの東京開催が決定した1959(昭和34)年から、首都における景観整備の対策を講じ始め、雑誌『公園緑地』においても1960(昭和35)年から「都市美」が話題にのぼっている。『建設月報』のなかでは、1962(昭和37)年から都市の美観についての関心が高まってきた。1962(昭和37)年5月には、首都美化審議会が発足し、同年12月には毎月10日を「首都美化デー」とすることが決定した。当時、過密や交通量の増大などにより都市環境は悪化する一方であったが、これを食い止める方策を景観整備の方向に求めたのである。

このときの都市美に「緑」は重要な役割を担うこととなった。過密し人工物でうまった都市が「汚い」と思われていたとき、「自然」である「緑」は、街を「きれいに」するために注目された。

当時建設省計画局施設課長であった木村英夫は『公園緑地』に「都市美の構成とその対策」という記事をのせているが、そのなかで公園や広場に関して次のようなことを言っている。

> 都市における公園や広場はそのもの本来の目的もあるが、兎角自然から遠ざかって行く市街地内に点在する緑や花を持った公園や広場はそれ自身が都市美を造成しているばかりでなく、環境の美化にも役立つものなのである。[12]

この一文からは、「自然」を供給する、「都市美」に貢献する、「環境の美化」に役立つ、といったことが、都市公園の意義に新たに加わったことがわかる。言い換えれば、それまでの都市公園には「緑」は重要な要素

ではなかったということでもある。現在、「公園」と「緑」はセットで語られることが多いが、「公園」が「緑」の供給源として注目されたのは、じつはこのころからのことであった。

　街路に関しては、ビスタ（通景）に配慮するほか、建設省は植樹帯や街路樹植栽の余地のある道路も設計することが重要であるとし、都市計画全般で「緑」が重要な要素になってきた。このように「緑」が「美」として扱われ、重要視されるようになった。しかし、一方では、都市の樹木は国土開発の名のもとに切り倒されたりしていた。なかでも首都高速道路建設のためにお堀沿いの桜が切られ、問題になったことは有名な話である。残った都市の樹木も元気がなくなり、枯れ始めるものもあった。これは自動車の排気ガス、バイ煙、大量汲み上げによる地下水位の低下などが原因であると考えられた。

　緑が重要視される一方で都市の樹木は減少していたため、「都市の美観風致（都市美）を維持し、都市の健全な環境の維持および向上をはかるため」[13]、1962（昭和37）年に「都市の美観風致を維持するための樹木の保存に関する法律」が成立した。法律の名称に「美観風致を維持するため」と、ことさらにつけてあるところがこの時代の「都市美」と「緑」の関係をよく表していて興味深い点である。

　都市緑化は終戦直後、建設省での政策でも力が入れられていたが、1950年代後半から始まった開発主義のなかで一時期なおざりになっていた。しかし、1960年代に入って、公園の存在自体が都市美であるということ、街路樹の整備を積極的に行うこと、樹木の保存に関する法律が成立したこと、このあたりから都市の「緑」にふたたび目が向けられ始めた。この時期の「緑」は、終戦直後の「心の糧」のような「緑」ではなく、都市環境を「きれいに」するための「緑」になっていた。

第6節　環境問題と緑化の制度化

　経済の高度成長が進むなか、1950年代後半からは公害の問題が生じてきた。それは工業地帯に限ったことではなく、汚染された大気は都心の樹木を枯らし始め、都心の住民にとっても公害は身近なものになった。しかし、建設省が公害対策に乗り出したのは、オリンピックが終わり開発ムードもさめたころである。1964年に行われたオリンピックの前は、建設省は都市を整えることに力を入れており、建設省の広報誌『建設月報』で公害の問題が取り上げられることはほとんどなかった。他の各省が公害対策の予算を大幅に増額して請求しているなかで、建設省は公害対策に乗り出してからも、あまり積極的な姿勢はとらなかった。道路、河川、住宅、都市計画などはすべて建設省の管轄で、いくらでも手段のとりようはあったのだが、建設省の公害対策はかなり消極的なものだった。

　1966（昭和42）年11月16日、建設省公害対策協議会は「建設省の公害対策（案）」をまとめ、公害対策に関する基本的な考え方・施策を示した。当時、公害は、大気汚染、水質汚濁、騒音、振動、悪臭、地盤沈下などが主なものとされていたが、建設省は大気汚染と水質汚濁の二つを取り上げ、対策を講じることとした。1970（昭和45）年に、建設省は公害対策協議会にかわって公害対策推進本部を設置し、建設省公害対策推進要綱を示した。要綱の内容は、1967年の「建設省の公害対策（案）」をベースに、自動車の排気ガスに対する対策を加えたものであった。

　建設省の公害対策には「被害がでなければ公害ではない」という姿勢が随所に見られた。まず、大気汚染に関しては、「無秩序な都市の発展が、公害の発生等生活環境の悪化の原因となる」とし、「公害防止のため、発生源工場と住宅等をできるだけ分離する方向」で土地利用計画を進めた。具体的には、工場を「住宅地域と離れた工業専用地区や工業地域に誘導」

し、さらに、「産業公害による大気汚染の影響を緩和し、工場災害による爆発・延焼等の被害を防止するため、公害発生地域と他の地域とを緑地帯で遮断する緩衝緑地造成事業を促進」することとした[14]。これは、工場が大気を汚染していても住宅地に被害がなければ、公害は軽減されると言っているのと同じであると理解できる。

また、そのほかに自動車の排気ガスによる大気汚染も問題になっていた。排気ガスに関する問題はじつは古くからあり、道路運送車両法（1951年、運輸省所管）や、道路交通法（1960年、警察庁所管）で排気ガスの規制が行われていた。しかし建設省では、流通を活性化させ、経済を発展させるために戦後からたえず道路整備に力を入れていたため、自動車を悪者扱いすることはできず、排気ガスの問題には何の対処もしていなかった。公害の問題が深刻化してくるにつれて自動車の排気ガスも以前にもまして目が向けられるようになり、「これ以上道路をつくるな」とも言われ始めた。このような状況のもと、建設省としても排気ガスの対策をとらざるをえなくなった。

建設省の排気ガス対策は、大きく分けて二つあったが、そのうち一つは、通過交通による公害を排除するためのバイパスの建設や、代替輸送道路への誘導など、新しい道路をつくって都市内の交通を減少させることであった。もう一つは、道路の構造自体を変えることで、具体的には掘割型式の採用、立体的構造、交差点の改良、植樹帯の設置その他の沿道整備の築造等があった。ここでも、産業公害の対策と同じように、「被害が出なければ公害ではない」という姿勢が見られる。また、その後、排気ガス対策の沿道整備として街路樹の植樹に力が入れられ始めた。

急速な都市の過密化と公害による生活環境の悪化、公害の深刻化によって、1960年代後半ごろからひとびとは「環境」に目を向けるようになっており、1971（昭和46）年には環境庁が発足し、その翌年にはストックホルムで国連人間環境会議が開かれた。会議の席上で日本は「公害先進国」

と言われ、国内の環境問題対策はさらに加熱していく。「環境アセスメント」について考えられ始めたのもこのころである。

　第5節で触れたように、「緑＝自然」は「街をきれいにするため」に必要であると思われるようになっていたが、公害が深刻化してきたこの時期、都市内の「緑＝自然」はさらにはっきりした理由で重要視され始めた。1969(昭和44)年、建設省は都市緑化対策を強力に推進することを決め、具体的な方策を発表した。具体策の内容は、「国および地方公共団体が当面実施する施策」と「緑化についての啓蒙と市民の参加」に分かれていた。

　「国および地方公共団体が当面実施する施策」としては、児童公園、運動公園に高木を主体とした植樹をすること、隣棟間の空地等を積極的に緑化すること、街路樹の整備を進めることなどがあり、「緑化についての啓蒙と市民の参加」については、都市緑化月間を設けること、誕生、結婚等の記念植樹、献木など市民参加による市民の森、郷土の森等の造成をはかること、市民の参加を得て、都市公園の清掃、除草等の保全美化運動の展開をはかること、などがあった。建設省は都市緑化の必要性をつぎのように示した。

　　経済の高度成長を背景とする都市化現象がいちじるしくなるに
　従って、自然は破壊され、都市環境は急速に悪化しつつある。
　　今後、このような現象を放置すれば、次第にまちに緑がなくな
　り、都市は人間生活の場としての機能を失い、亜硫酸ガス、騒音
　などの公害のみが残る灰色のまちとなってしまうことが明らかで
　ある。都市化が進めば進むほどそこには、自然の要素としての緑
　を確保する必要性が相対的に強調され、それをはっきりと認識す
　る必要がある。[15]

こうして「環境のため」という、よりはっきりとした理由をもった緑化が始まったのである。

「環境のため」の緑化の代表的なものに「工場緑化」がある。ところで、公害が社会問題になり始めた1960年代中ごろ、工業はどのような状態だったのだろうか。公害は社会問題になってはいたが、じつはこの時期、工業は推奨されていた。

1960(昭和35)年に「所得倍増計画」、1962(昭和37)年には「全国総合開発計画」が発表された。「全国総合開発計画」では、「地域による生産性の格差について、国民経済的視点からの総合的解決を図る」ことが目標とされた。それに伴い、1962(昭和37)年に「新産業都市建設促進法」、1964(昭和39)年に「工業整備特別地域整備促進法」、1967(昭和42)年に「工業再配置促進法」が制定されるなど、国は工場の新規建設を促進していた。

その頃同時に注目され始めたのが「工場緑化」である。諸外国のインダストリアル・パークが日本に紹介され、工場を緑化し従来の工場とはまったく様相の異なる「工場公園」をつくる企業がいくつかあった。その後、1966(昭和41)年に出された「建設省の公害対策」で住宅地域と工場地域を分離する「緩衝緑地」計画が示され、1974(昭和49)年には「工場立地法」で緑化が義務づけられた。こうした流れを受けて1974(昭和49)年に、通産省の指導監修のもと、農村地域工業導入促進センターが『工場緑化マニュアル』を出した。このなかに「工場緑化の目的・機能および効果とその対応施設」という表[16]がある。ここでは目的・機能と効果を抜粋した。また、この『工場緑化マニュアル』には、「工場緑化の意義」として、次のように書かれている。

　　工場緑化は、むしろ工場自体のためにではなく、環境整備に関する具体的対策を講ずることによって、工場に対する地域住民の親近感・安全感を高め、積極的に地域社会との融和をはかるため

に不可欠な手段となってきたことは、注目に価しよう。[17]

　第２節で触れたように、戦前にも「工場緑化」は行われることがあったが、当時の「工場緑化」の主な目的は、そこで働く人の衛生環境や娯楽環境に配慮しそれによって工場の生産能力を向上させることであった。しかしこの時期の「工場緑化」は「地域社会との融和」をはかることが目的とされていた。当時、「緑化」は都市住民に良いイメージで捉えられていたために、公害の問題が深刻化するなかで新たに工場を建てるとき、「緑化」などを用いて地域住民の親近感や安心感、工場自体のＰＲなど、地域社会のへの対応が重要だったのである。また、緑化のための寄付や緑化事業を始める企業もあった。

　これら、企業の「緑化」運動は、『工場緑化マニュアル』にもあるように企業の「ＰＲ」としての一面もあったようだ。工場緑化を推奨する「建設月報」の記事にも、「それが一部に企業的な宣伝の意味をもつにせよ」[18]という一文があり、先に触れた『工場緑化マニュアル』の「工場緑化の意

表１　工場緑化の目的・機能

目的・機能	効　果
美化・快適化	工場環境に対する地域住民の親近感を高める 従業員の情操涵養・勤労意欲の増大 工場自体のＰＲ
遮蔽・緩衝	防音、振動、防火等の効果により地域住民の安心感を高める 災害時の避難場所 飛砂・塵防止、金属の腐食防止、寒風防止
空気浄化	従業員・地域住民の保健
スポーツ・レクリエーション	従業員の余暇利用―作業能率の増進 従業員・地域住民の健康増進

出典：『工場緑化マニュアル』(財)農村地域工業導入促進センター、1974年、3頁

義」の最後につぎのようなただし書きがある。

> 注：工場緑化は、あくまでも環境整備の一環としてのそれであって、『緑化』即環境汚染防止対策、公害防止対策とはならない。このためには、汚染源・公害発生源の除去対策が根本であり、緑化がこれらの対策のかくれみのとならないよう留意する必要がある。

『工場緑化マニュアル』の記述では、「緑化」が公害を隠蔽しないように注意する必要があるという記述だが、『建設月報』の一文もあわせて考えると、その傾向があったことがうかがえる。意識して隠蔽が行われていたかどうかは定かではないが、このころから緩衝帯や街路樹などの植樹に選ばれる樹木は、自動車の排気ガスや工場から出る煙に含まれる亜硫酸ガスに強いものが好まれるようになったのもまた事実である。
　造園学会に発表された研究でも、1966（昭和42）年ごろから植物の強度や植物の大気浄化機能に関するものが多く見られるようになった[19]。
　こうして、緑は汚染された空気を浄化するなどと、緑への「過信」が生まれ始めた。都市の樹木が枯れないような「大気」にするのではなく、「枯れない」「浄化機能のある」樹木を植えようとしたのである。「緑化」という目的のもとでは「大気を汚さない」という根本的な問題はなおざりにされることとなった。
　終戦直後「心の糧」のようなものであった緑は、「環境保全」「環境浄化」という、より理論的かつ積極的な機能をもたされ、それがさらなる「緑化」の推進力となったが、しかし、この機能は同時に「環境破壊」の隠れ蓑にもなったのである。
　ここでもっとも重要な点は、緑を増やすということそれ自体が悪いことではないということだ。工場を緑化して地域との融和をはかろうとし

たことも、緑を増やすために大気汚染に強い樹木の研究を行ったことも、それらを行ったひとびとは「環境のため」であると思っていただろう。そして、それはたいがい好意的に受け入れられていた。しかし、このような「緑」のイメージに頼った行為は結果的に現実の環境悪化を隠蔽し、その背後で環境破壊を静かに進行させることにつながっていった。

公害が深刻化し、「環境のため」の「自然＝緑」が注目され始めると、公園の性格も変わり、公園は「豊かな都市環境を形成していくうえで主導的役割を果たす」「緑とオープンスペース」[20]であると捉えられるようになった。「都市生活から抜け出す場」という、都市に付属的に存在する都市施設ではなく、道路や下水道と並んで都市基盤を構成するものの一つとして重要視されはじめたのである。

そこで、建設大臣は1971(昭和46)年5月、「都市における公園緑地等の計画的整備を推進するための方策」について都市計画中央審議会に諮問した。審議会は8月に第1回の答申を行い、公園整備を積極的に行うという長期構想と、そのための五箇年計画の樹立などを提唱した。第2回の答申は翌年、1972(昭和47)年4月に行われ、都市公園以外の公園・緑地や、私的空間を都市の緑とオープンスペースの確保に役立てることが示された。

その当時、公園に関しては1956(昭和31)年に制定された「都市公園法」が用いられていた。しかしこの都市公園法は、当時の社会情勢を反映して荒廃していく都市公園を守るためにつくられた、管理に重点を置いた法律であり、都市緑化のためのものではなかった。そのため、広場、墓園、緑道などの公共空地には都市公園法の規定を適用できなかった。私的空間についても、風致地区制度や、近郊緑地特別保全地区制度、都市の美観風致を維持するための樹木の保存に関する法律などはあったが、どれも都市内部の緑とオープンスペースを確保するために十分といえるものはなかった。

そこで都市計画中央審議会では、第二次答申で「公的空間の適正な設置と管理をはかること、および私的空間の緑化を緑地保全地区制度や緑化協定により推進していくこと、そのための法律をあらたに制定する必要があること」を提唱したのである。

その後、1972(昭和47)年度を初年度とする「都市公園等整備五箇年計画」が決定し、同年6月にその根拠法となる「都市公園等整備緊急措置法」が制定された。当初の答申では、「都市公園」を計画対象にしていたが、都市公園以外の公共空地も計画に含めることになったため、「都市公園等」と名称が改められた。このように、都市緑化の対象が多岐にわたってくると、都市緑化政策の対象となる自然要素や都市公園などの施設をまとめて「緑」と呼ぶようになった。

「都市公園等整備五箇年計画」では、「都市公園整備の立遅れによる都市環境の悪化に緊急に対処し、都市の基礎的な施設である都市公園等の緊急かつ計画的な整備を促進する」としており、この時期「緑とオープンスペース」の必要性を相当に感じていたことがうかがえる。続いて1973年には、「都市緑地保全法」が制定された。この法律では、都市公園等整備緊急措置法では扱えない民有地を対象にしている。既存緑地の保全と都市の積極的な緑化を目的としており、建設省は同法制定の趣旨をつぎのように示した。

　　都市における緑地保全に関する現行の制度には一定の限界があるため、近郊緑地特別保全地区や歴史的風土特別保存地区等の考え方を全国の都市にも拡大して適用できるように緑地保全地区の制度を設けるとともに、あわせて、植栽等による市街地の緑化を推進するため、住民自身による緑化への意思を法的にオーソライズした緑化協定の制度を創設する必要があったわけである。[21]

「都市緑地保全法」は、1972(昭和47)年の第二次答申がもとになっており、答申中の「緑地保全地区」と「緑化協定」を制度化した。

このように、建設省は急速に都市緑化に力を入れ始めたが、「緑化」政策を行ったのは建設省だけではない。この時期、運輸省も「港湾背後地域の住民が快適な生活を享受できるよう港湾をめぐる生活環境の整備が急がれている」[22]として、1948年に港湾法を一部改正し、環境の保全に努めることとした。具体的な事業のなかには、「港湾緑化」が含まれており、港湾緑地整備に国が補助をすることを示した。

東京都も緑化政策のひとつとして、1972(昭和47)年に「東京における自然の保護と回復に関する条例」を公布している。この条例では、「のこされた自然はできるだけ保護すること」と、「こわされた自然は必ず回復する」ことが基調になっている。また、開発行為を行う際、公共、民間を問わず自然の破壊を最小限にとどめ、損なわれた自然は必ず回復しなければならないことが決められた。さらに公有施設では、緑化の基準をつくり基準以上の緑化をはかることになった。

こうして、公共事業や民間の開発事業に、植栽は当然の計画として盛り込まれるようになった。実際その場に立ってみて必要性を感じるから緑化するのではなく、はじめから計画されているのである。場所性を考えないやみくもな緑化は、高速道路高架下の排気ガスだらけのしなびた緑など、悲惨な状況をつくった。

「東京における自然の保護と回復に関する条例」、「都市緑地保全法」の制定以降、都内の緑化は義務化される傾向が強くなった。それに伴い「緑化」にどのような意義があるのかはあまり重要でなくなり、「緑化」それ自体が目的となっていった。『建設月報』の記事でも「緑化」政策の意義があいまいになっていき、たとえば「都市の緑化を推進するため」[23]など、「緑化」それ自体が目的であることがよくわかる記述が多く見受けられるようになった。

第7節　都市緑化がもたらしたもの

　焼け野原になった東京都心にとって、終戦直後、緑は平和と文化の象徴であり、新しく始まる戦後民主主義の象徴であった。緑が重要な存在であるということは、当時の識者や為政者たちにとってだけではなく、都市の住民にとっても緑は心の糧であり、重要な存在として扱われた。その後、国全体の経済状況の悪化、都心の過密化によって、政策として都心に緑を取り入れるという余裕はなくなっていき、1950年代後半に入ると、国全体が開発ムードになり、一時、緑は忘れられた。しかし緑は理想としては存在し続けた。開発ムードは続き、緑は減少した。都心では人口の集中による弊害が出ていた。そのようななか、1959（昭和34）年に5年後のオリンピック開催が決まり、都市の景観、都市美に関心が向けられ、都市公園や緑にふたたび注目が集まるようになった。オリンピックが終わり、1960年代後半になると開発ムードはさめ、公害の問題が浮上してきた。公害という明確な被害が出てきたことで、都市を「きれいに」するための緑は「環境のため」という明確な理由をもつこととなった。しかし、「環境のため」という理由をもった緑は、同時に環境破壊の隠れ蓑にもなっていった。また、明確な理由をもった緑はつぎつぎと義務化され、「緑を増やすこと」それ自体が目的となったのである。

　このように、「都市緑化」は、「文化的平和国家」「きれいな街」「公害のない社会」と、つねに都市の理想と密接に結びついていた。そのため、「都市緑化」の理念もこれまで、さまざまに変化してきた。その変化は、突然でてきたものではなく、社会の価値観の変化と連動していた。つねに、その時代の社会にとって良いとされるもの、必要とされるものが変化したために「理念」も変化したのである。1960年代から、目に見えてきた「都市環境の悪化」は、とくに「都市緑化」が重要視されるきっかけとなり、1970年代に入って「都市緑化」は制度化された。しかし、都市に緑を増や

すことははたして本当に問題の解決になっただろうか。

　都市内に緑という自然が求められるようになったのは事実である。しかし、それが何かの反動である限り、「都市緑化」という目的を果たすことだけに満足してはいけないだろう。「都市緑化」に限らず、一つひとつの政策がどのような価値観から生まれ、それを果たすことがそれぞれの時代にどのような価値をもつのかをつねに把握する。このことの必要性を都市緑化の例から読み取ることができるだろう。

(1)　まず、1873(明治6)年の太政官布達により公園制度が導入され、寺社境内地などが公園に指定された。その後、市区改正で公園が計画された。これらは、西洋の公園制度を導入したもので、「緑を増やす」という意味の緑化とは言いがたいが、その後の都市緑化の基盤となった都市施設の誕生である。これらの公園は、それまでの四季を楽しむという伝統的な文化における自然とは異なる近代的な自然の導入であった。また、白幡洋三郎『近代都市公園史の研究——欧化の系譜』(思文閣出版、1994年、293頁)によると、従来の並木とは異なる近代街路樹は幕末の開国から始まったということである。

(2)　たとえば、石川幹子『都市と緑地』(岩波書店、2001年)、佐藤昌『日本公園緑地発達史』上・下(都市計画研究所、1977年)、など。

(3)　復興調査協会『帝都復興史』第三巻、興文堂書院、1930年、1875頁。

(4)　エベネザー・ハワード(Sir Ebenezer Howad)。1898年、イギリスで田園都市構想を提唱した。田園都市構想とは、農地や狩猟地で囲まれた都市をつくり、その都市内で市民が自足できるというしくみであったが、その後、都市を緑地帯で囲むという手法がとくに広まった。

(5) 公園緑地協会『公園緑地』Vol. 3-2・3、1939年、232頁。
(6) 公園緑地協会『公園緑地』Vol. 1-7、1937年、2頁。
(7) 公園緑地協会『公園緑地』Vol. 9-1、1947年、2頁。
(8) 公園緑地協会『公園緑地』Vol. 9-1、1947年、8頁。
(9) 公園緑地協会『建設月報』Vol. 1-3、1948年、6頁。
(10) 『朝日新聞』1954年4月2日、4月11日、10月5日など。
(11) 『建設月報』No. 10-3、1957年、21頁。
(12) 公園緑地協会『公園緑地』Vol. 22-1、1960年、4頁。
(13) 『建設月報』No. 15-8、1962年、49頁。
(14) 『建設月報』No. 23-68、1970年、8頁。
(15) 『建設月報』No. 22-8、1969年、71頁。
(16) 通産商業省立地公害局立地指導課監修・工場緑化研究会編集『工場緑化マニュアル』(財)農村地域工業導入促進センター、1974年、3頁。
(17) 同上。
(18) 『建設月報』No. 17-1、1964年、48頁。
(19) 北村文雄ほか「造園樹木の亜硫酸ガス抵抗性に関する研究 1、2」『造園雑誌』39巻3号、1975年、29-33頁。

　　高橋理喜男ほか「大阪地方における各種樹木の葉中硫黄含有量と大気中の亜硫酸ガス濃度との関係」『造園雑誌』32巻3号(1968年、14-18頁)、など。
(20) 『建設月報』No. 25-6、1972年、69頁。
(21) 『建設月報』No. 26-10、1973年、21頁。
(22) 『昭和49年版 運輸白書』1974年、263頁。
(23) 『建設月報』 No. 28-3、1975年、35頁。

第6章　風景の多元的価値解釈の枠組み

真田　純子

第1節　魅力のある景観とは何か

　魅力のある都市景観とはどんなものなのだろうか。これは、都市景観のデザインにとって、根源的な問題である。景観工学の分野で魅力のある都市景観といえば、「歴史的な景観」「自然の多い景観」「統一感のある景観」「にぎわいのある景観」、もしくはケビン・リンチの言った「イメージアビリティ」[1]などである。これは都市の特徴としての「わかりやすさ」を意味する。意欲的な人たちによる例外はあるものの実際に都市景観を作っている現場でもその傾向に変わりはない。それらの「魅力」を前提としたうえで、「都市景観の歴史性は何によるのか」とか、「景観を統一させるためにどのような規制をかけるのが効果的か」といった研究も行われている。

　しかし、私たちの身の回りをよく見てみれば、魅力的なまちをつくろ

うと上に述べたようなコンセプトに従ってつくられたものが、面白味に欠けていたりすることがある。また、看板や電柱が乱立した場所は、都市景観デザインの分野からは、好ましくないものとされることが多いが、そのような場所に活力や気安さが感じられ、魅力的ということもある。これは、先に挙げたような魅力の前提が裏切られるからである。

　魅力の前提にもとづいて作られた景観が実際に魅力的であったり魅力がなかったりするのは、都市景観デザインで魅力的だとされるものと、ひとびとが実際に魅力的だと感じる景観に何らかの「ずれ」が存在しているからである。

　景観に感じる「ずれ」を理解するためには、どんな都市景観が魅力的なのか、ということをもう一度根本的に問う必要がある。本章では、都市の魅力ということについて、既存の価値を前提するのではなく、前提そのものにさかのぼって考察すること試みる。

　まず、景観の魅力に感じられる「ずれ」の生じるメカニズムついて考えてみよう。ヒントとなるものとして、多田道太郎はその著書『身辺の日本文化』のなかで、次のように述べている。

　　わかりにくいといいますが、その「わかる」「わからない」というのは、ある概念の枠組みの中に収めることです。その枠に入らないと、「わからない」ということになるし、入れば、「わかった」ということになります。[2]

　この考え方をヒントにすると、上で述べた「ずれ」が生じるのは、都市景観をデザインするときに用いられる概念の枠組みと、日ごろひとびとがまちを見るときの概念の枠組みに違いがあるからだと考えられる。つまり、既存の都市景観デザインの概念枠組みでは、まちの魅力を十分に解明することはできないし、その枠組みをつかって魅力ある都市景観を

つくりだすことは困難だということである。

　本章では、上に述べた「ずれ」と「枠組み」について考察し、新しい風景解釈の枠組みを提案する。結論として、風景の魅力がどこにあるかを明らかにするこの枠組みは、モノを中心とするものではなく、ひとびとが空間に与える多様な意味を軸に構成されるものであることを示す。

第2節　文脈としての風景

　まず、ひとびとが景観を解釈しているときに準拠していると考えられる概念枠組みを明らかにするために、都市景観を構成する「モノ」ではなく、都市景観を表現している「文脈」に注目して話を進めたい。都市景観を構成するそれぞれの要素には、たとえば道路、並木、看板など、それぞれ名前がついている。しかし、わたしたちが都市景観を認識するとき、道路、並木、看板などの物理的な景観の構成要素である「モノ」を一つひとつ把握しているだろうか。また、住宅地、商業地のような一般的な用途に従ってつけられた名前、つまり「モノ」としての場所の名前で空間を把握しているだろうか。「モノ」を指し示すそれらの言葉は、他者とのコミュニケーションを行ううえで同じ「モノ」をあらわすことができるという点で利便性をもっている。しかし、都市について何かを伝えるのではなく、都市を解釈するという行為において、都市での生活者や都市を散策する者は、「モノ」を指し示す言葉を用いた枠組みをそのまま用いているとは考えにくい。

　たとえば、ここに、都市に関するエッセイから抜き出した二つの都市体験の文章がある。

　　24歳のある青年は、夜、ビルの谷間を歩くと、森を彷徨ってい

るようでほっとして自分を取り戻すと語った。

（『東京都心散歩 新宿区』最相葉月）

　濠と門によって外の喧騒から遮断された別世界を、都心でちょっと空いた時間などに散策するのは、なかなかの贅沢である。

（『私の好きな、東京。』清家篤）

　最初の文章は新宿新都心の高層ビル群のあたりを書いたもので、二つ目は、皇居東御苑での体験を書いたものである。新宿新都心の高層ビル群と皇居東御苑は、たとえば「人工構造物」、「植物（自然）」といったモノに付属する言葉を用いた枠組みにおいては、まったく異なる種類の場所だと分類されるだろう。しかし、この「24歳のある青年」にとっての新宿新都心と、二つ目のエッセイの作者にとっての皇居東御苑は、ともに「その中にいると日常から切り離され、落ち着くことのできる場所」として生活のなかで位置づけられている。

　このように、わたしたちは、しばしば、都市景観を、モノのもつ意味を軸としてではなく、「落ち着ける」というような、生活環境のなかでの意味づけを軸として解釈している。本章ではそのような生活環境における意味づけを軸としている景観を、モノが構成する景観とは区別する意味で、風景と呼ぶこととする。一般には、「景観」や「風景」の言葉の定義はあいまいなことが多く、両者は同義で用いられることも多いが、ここでの定義は、実際のモノで構成された環境を「景観」、それが解釈されたものを「風景」とする。

　引用したエッセイなどを見ると、「風景」はモノのみで構成されているわけではないということになり、風景を分析対象とするならば、風景が何によって構成されているのか、ということをまず考える必要があることに気づく。では、風景はどんなものによって構成されていると考える

べきだろうか。この問いに対するヒントを与えてくれるものとして、ここに二つの文章を引用しよう。

> バス停の多くには、家庭で不要になった椅子がさりげなく置かれていたりする。中には、まだ使えそうな立派な革張りの椅子まであったりして、バスを待つ間の世間話がはずむ場所をしっかり確保している。
>
> 　　　　　　　　　　　（『東京路線バスの旅Ⅰ』佐々木幹朗）

> 路地には下町とはまた少しニュアンスのちがう気分で、いくつかの鉢植えが飾られている。これ見よがしというのでもなく、さりとて、せっかく丹精した作品だから自分ひとりで見ているのも味気ない、ちょいと外を通る人にも拝ませてやるか（中略）ごく、やんわりとした力まない古風な婆婆っ気が、この界隈にはゆったりとただよっているようだ。
>
> 　　　　　　　　　　　（『東京セレクション　水の巻』松村友視）

　これら二つのエッセイでは、バス停に置かれた家庭用の椅子や民家の玄関先に置かれた鉢植えを見て「それを置いた人」を連想し「そんな人たちの住んでいるまち」の雰囲気を感じ取っている。バス停に椅子を置いた人や、そこで世間話をする人、鉢植えを育てている人を実際に見たわけではないのだが、彼らの風景にはそのような人たちが登場しているのだ。
　わたしたちがある景観を見たとき、そこにある視覚像（モノ）をそのままわたしたちの評価材料にしているわけではなく、知覚された視覚像やその他の知覚像をもとに、何かそこには存在しないものを連想し、それを評価材料としてその景観を認識している場合もある。このように、認識された像である風景は必ずしも図像の分析から把握できるわけではな

く、形では表現できない文脈として捉える必要があるといえる。

　今までの研究では、都市景観を分析するとき、景観を物理的に構成する要素であるモノを取り上げ、分析対象としてきたものがほとんどである。なかにはモノの分析だけでは不十分だと考え、モノを観察するヒトを考慮にいれたものもある。それらは「モノが固有の意味をもっているのではなく、それを知覚する人によって受け取り方が異なる」「風景とはモノがヒトによって知覚されたものをいうのであって、モノとヒトとの関係において風景は生じる」という立場をとる研究である。しかし、そういった研究でも、「モノ⇔ヒト」という両者の対立関係で分析していたことにかわりはない。

　本章では、「実際に存在はしないが連想などによりその都市景観に見いだされたもの」も、「実際に存在するモノ」と同様に風景の要素として分析対象にしている。それはモノでもヒトでもなく、ヒトの解釈というフィルターを一度通ったあとのものである。

　ケヴィン・リンチは、その著書、『都市のイメージ』のなかで都市の美しさの特性の一つとして、イメージアビリティ（わかりやすさ、明白さ）を挙げ、イメージアビリティをもたらす要素として、強いイメージを生む「物理的な空間の要素」を五つ挙げた。しかし、リンチは視覚像ばかりに頼っていたわけではなく、次のように述べている。

> 　どの瞬間にも、出来事や眺めには、目で見、耳で聞くことが出来るものよりも多くのものが隠されていて、われわれに探索されるのを待っている。なにごとも、単独ではなくその四周の状況、その時までに次々に起こった出来事、そして過去の思い出との関係において、体験される。（中略）彼らの抱くイメージは記憶と意味づけに満たされている。[3]

リンチはそのうえで、都市の美しさの特性の一つとしてイメージアビリティを挙げたのであるが、この提案はその後、イメージアビリティこそ都市景観のよさであると受け止められることになった。

　リンチは「都市のイメージ」について述べながらも「物理的な空間」を分析対象とした。ここでは「物理的な空間」を分析する方法ではなく、引用した彼の文章にあるような「都市のイメージ」を直接的に分析することを試みようとしている。つまり、個人の生活のなかにおいて「解釈された空間」を対象にし、魅力をもたらす要素をそのなかから探し出すことを試みているのである。

第3節　「風景」の分析

　解釈された空間である風景はモノだけで構成されているわけではないため、その分析に図像を用いることは適切ではなく、文脈として捉える必要があるということは第1節で述べた。そこで、文脈によってあらわされた風景として、タウンウォッチングをもとにしたエッセイやコラムを取り上げ、これをデータソースとした。タウンウォッチングは都市の観察者が都市を解釈するという行動であるからである。一般的に、タウンウォッチングというと、都市のなかの風変わりな物を探すというような「都市探検」などの特別な行動をさす場合が多いが、本章では「タウンウォッチング」を、学校の行き帰りや買い物など、日常の生活をしながら都市景観を見たり、その他の体験を通して解釈している行動全般をいうものとしており、そのようなタウンウォッチングのエッセイやコラムを使用している。

　タウンウォッチングをもとにしたエッセイやコラムから、風景を評価している記述を抜き出し、都市の解釈枠組みの分析対象とした。なお、

それらのエッセイやコラムは「好きなところ」「住みたいところ」という趣旨で書かれており、都市全体ではなく、魅力のある場所がどのような枠組みで捉えられているかという分析にとどまっている。しかし、対象が限られていても、わたしたちが都市景観を認識するときどのような解釈方法をとっているのかということを考察することは可能である。

　タウンウォッチングによる都市の解釈を分析しようとするとき、一般的には、まち歩きのためのガイドブックをデータソースとして取り上げることが多い。しかし、ガイドブックには、日常風景の魅力や、すぐに変化してしまうような、「ガイド」するにはふさわしくない情報は載っていない。したがって、ガイドブックはデータソースとしてはふさわしくないと考え、ここでは使用していない。

　また、「主観」をはかる分析方法として、ＳＤ法[4]が用いられることもよくあるが、ＳＤ法では質問を設定した時点で、質問設定者によって解釈枠組みが決められてしまっているといえるだろう。したがって、この方法も都市景観の解釈枠組みを捉えようとするには、ふさわしい分析方法とはいえない。

　データソースとなった書籍は**表1**のとおりである。それらの書籍のなかから風景を評価している記述を抜き出し、データとした。抜き出された記述は119個で、70人によって書かれている。記述者は主に、俳優や小説家、エッセイストである。一般の生活者を被験者として、自由記述形式のアンケートなどをとるデータの抽出法も考えられるが、それらの方法では被験者がアンケートということで、本人自身が思っていることではなく社会において理想とされていると思うことを記述してしまったり、文章を書くとき構えてしまったりする可能性がある。

　それにひきかえ、俳優や小説家、エッセイストは、感じたことをそのまま文章として記述することに慣れていると考えられる。そういった理由から、彼らによって記述されたものの方がデータとしてより適切であ

表1　データソース

題　名	編集・出版	発行年
『私の好きな、東京。』	東京ファッション協会	1996
『東京都心散歩　品川区』	S＆E研究所編集 日本経済新聞社発行	1995
『東京都心散歩　中央区』		
『東京都心散歩　港区』		
『東京都心散歩　新宿区』		
『東京路線バスの旅　part 1』	トラベルジャーナル 編集・発行	1994
『東京路線バスの旅　part 2』		1995
『東京セレクション　花の巻』	住まいの図書出版局発行	1988

ると判断した。

　エッセイやコラムから抜き出した119個の記述を分類するにあたって、エッセイやコラムの記述者がその風景のなかで何に注目しているのか、ということに注目した。これをここでは「着目点」と呼ぶ。

　分類をする際、「住宅地－商業地」、または、「都心－郊外」などの枠組みはあえて用いていない。なぜなら、それらは、「モノ」やモノの「用途」という概念を用いた枠組みであって、都市観察者の都市解釈枠組みを明らかにしようとする場合、適切な分類方法ではないと考えたからである。実際、多くの記述ではそのような枠組みで都市を見ていないため、上に挙げたような枠組みでの分類をすることは困難であった。

　「着目点」別の分類の一例を示すと、次のようなものである。

　　カラオケ・居酒屋・牛丼屋・喫茶店など駅前と学生街の定番がそろう界隈になんとなくほっとしてどこかに立ち寄りたい気分になる。

（『東京都心散歩　港区』　多田宏行）

北品川や戸越銀座、また武蔵小山などにはノスタルジアを呼び起こす路地があり、子どもたちの元気な声も聞こえて、濃密なリアリティを感じさせる生活空間がある。

（『東京都心散歩 品川区』中谷正人）

　この二つの記述では、一つひとつの店の存在や、路地、子供たちの声そのものというよりは、それらから想起される「生活の匂い」に着目している。

　墓地のすぐ隣がアークヒルズになっていて、古い墓石と現代の最先端ビルの対比が面白い。

（『東京都心散歩 港区』川本三郎）

　東京では見ることも少なくなった自然と、これまた都心では珍しい大規模団地。このふたつの対比が風景として面白く、…

（『東京都心散歩 品川区』山田まり）

　これらの記述では、近代的なビルや古いもの、自然や大規模団地など、それぞれのモノにひかれているのではなく、それらがたがいにつくり出している、新しいものと古いもの、自然と人工の「コントラスト」に着目している。
　以上に挙げた例は、視覚像やそれらから想起されたものに着目している。では、次に引用する例ではどうであろうか。

　はっきり見定めて歩けば、迷うことはないが、何気なく、横道へ入りこんでしまうと、堂々めぐりをくりかえす、町の仕組みが、

気に入っているのかもしれぬ。

(『東京セレクション 水の巻』野坂昭如)

私が好きなのはそのとおりからちょっと右へ入ったり左へ入ったりした、奥まったところにある店だ。「え、こんなところに」という発見がある。

(『東京都心散歩 港区』平山景子)

これらは、観察者自身がその空間で行動することが前提となっている着目の仕方である。

第4節 景観認識の特性

このような分類方法にしたがって119個の記述それぞれの着目点に注目し、それらをたがいに類似する「着目点」別に集めると、17とおりに分類することができた。ここで着目された風景のパターンを「景」ということにする。

得られた景は、以下のとおりである。

① 平凡な商業・住宅地区や人ごみなどの生活感に着目している「生活の匂い」
② 平凡な商業地区で生き生きと生活するひとびとの様子から見て取れる「生活空間の活力」
③ 平凡な商業・住宅地区やそこで生活する人から住人の人柄を連想し、それらのひとびとの雰囲気ではなく、そんな人たちがつくるまちの雰囲気に着目している「住む人の作るまちの表情」
④ まちで見かけた物からそれを作った人やその人の気持ちを想像して

いる「物を通して見える人」
⑤　近代的な人工物や、新旧の混在、若者らに都市がどんどん変っていく様子を見ている「都市の新陳代謝」
⑥　古いものが新しいものと混在し、調和しているところに古いものが生きて残っていると感じている「今に生きて残っている歴史」
⑦　狭い通りや裏通りをうろうろすることによって発見をしている「まちの裏の発見」
⑧　裏通りにあるようなひっそりとした居酒屋通りに表通りの人ごみやにぎやかさとは対照的な隠れがのような雰囲気を感じている「隠れた居酒屋通り」
⑨　あらゆる物の混在した繁華街にあやしさを感じている「繁華街のあやしさ」
⑩　都心の雑踏のなかにある昔ながらの商業・住宅地区を置き忘れられたようだと感じている「都会の死角」
⑪　坂や運河などがある場所を散歩することによって景色が変化し、そこに感じている「土地の陰影」
⑫　本人にとっては日常の喧騒から切り離され、一人を楽しむことのできる「清閑の空間」
⑬　自然そのものが変化したり、自然があることによる空間的変化に着目している「自然のもたらす変化」
⑭　自然の美しさ、良さに着目している「自然そのものの良さ」
⑮　歴史的なものそのものの良さや、それらが都会の新しさのなかにあることによる意外性など、歴史的なものの存在に着目している「歴史的なもの」
⑯　近代的な人工構造物と古いものや自然との対比に風景的面白さを感じている「コントラスト」
⑰　特殊な交通機関や古びたもの、それらと自然の調和などに風情を感

じている「風情」

　このようにして得られた景をもとに、わたしたちが景観をどのように認識しているのかという景観認識の特性を考察した。その結果、次に挙げる風景の要素の多様性、「わたし」の位置についての特性が明らかになった。

「風景」の要素の多様性
　風景は、モノによって構成される景観が認識された像である。しかしそれは、そこで景観を構成しているモノのみならず、そこから連想されたモノ、また目には見えない空気や、観察者側によって勝手に想像されたそこに住んでいるひとびとの人柄など、さまざまなものよって構成されている。風景を構成する要素の一部は、観察者の心のなかにあるといってよい。

　たとえば下町の路地を見たときには、実際には路地しか見ていないにもかかわらず、「そこに住む人が近所の子どもを叱る様子」という、観察者のもっている典型的な下町のイメージが想起され、そのイメージとともにその路地は風景となって観察者に認識されるのである。このほかにも「生活の匂い」「生活空間の活力」「住む人の作るまちの表情」「物を通して見える人」「都市の新陳代謝」などの景で顕著にその傾向があらわれている。それらの景では、景観を構成しているモノは観察者の心のなかから風景を呼び起こす装置となっているといえる。

「わたし」の位置
　都市景観の観察者、つまり「わたし」は必ずしも風景と対峙しているわけではない。「わたし」は風景のなかにいることもある。たとえば南青山の小路を歩くと、「奥まった所」にお店があったりして、「発見」をすると

いう楽しさがある。発見があるということをあらかじめ知っているために、南青山の小路は、その観察者にとって他の似たような小路とは異なる印象の風景になる。「わたし」はその景観のなかで行動をすることが前提になっているのである。「まちの裏の発見」「土地の陰影」「清閑の空間」「自然のもたらす変化」などの景で、風景のなかに「わたし」がいるという状態は顕著に見られる。また、「自然そのものの良さ」「歴史的なもの」「コントラスト」「風情」などの景では「わたし」は風景の外にいるという傾向が強い。

第5節　都市解釈の枠組み

　これまでのところで、17の景を抽出し、景観認識の特性をあきらかにした。ここでは、それらの景を分析し、都市解釈枠組みを捉えるうえでのキーワードを探る。その方法として、ここで扱っている題材は川喜多次郎のいう「野外科学」の特徴があり、分析手法としてＫＪ法を用いることが適切であると判断した。したがって、先に挙げた17個の景の相互関係を考慮し、ＫＪ法を用いて都市解釈の枠組みをまとめると、以下のようになる。

　分析によって得られた結果から、大きく三つの要素を抽出することができた。それら三要素は、それぞれ「いのち」「深さ」「眺め」というキーワードに特徴づけられる。これがひとびとによって都市景観が認識されるときの解釈枠組みということができる。また同時に、都市観察者が認識している都市の魅力を捉えているときに、都市のもっている要素ともいうことができる。

　従来の研究において、たとえば、まちづくりで「緑を増やす」「歴史を生かす」「街に賑わいをとりもどす」など、「自然」や「歴史」、「にぎわい」

などがキーワードになり、それが魅力の要素とされていた。しかし、それらが植物や水などの自然、歴史的な町並み、商店街などの「モノ」を基準にした枠組みであるのに対して、ここで得られた枠組みは都市観察者の認識や振る舞いかたを基準にしている。

　これは、同じ景観でもこれら三つの側面で解釈できるということであり、空間は一つでも多様に解釈され、多様な魅力が生まれる可能性があることを示している。

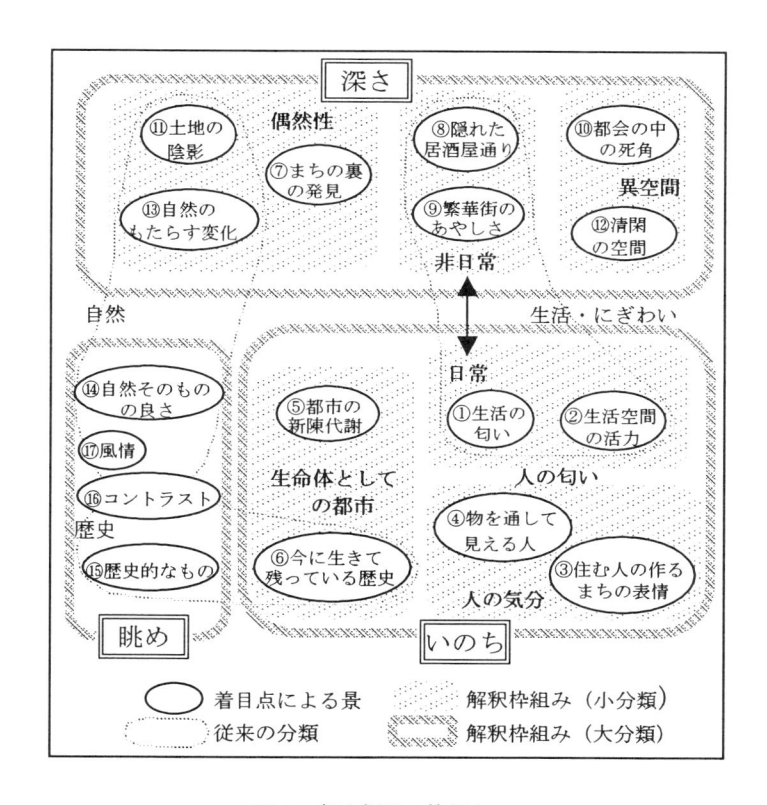

図1　都市解釈の枠組み

第6節　都市空間へ

　以上の考察で得られた都市解釈の枠組みをまとめると以下のようになる。

　まず、「いのち」は、変わりゆく都市に生命体としての活力を見たり、そこで生活するひとびとの匂いを感じるという解釈のしかたである。「深さ」はそれぞれ異なる雰囲気をもった地区が混在していたり、土地に高低があったり、都会のなかに水や緑などの自然のある地区があることによって、まちに深みを感じるということである。「眺め」は新しいものと古いもの、巨大な人工物と自然、歴史的なものとのコントラスト、自然美、歴史的なものの良さ、風情を醸し出すものがあって、眺めることを誘われることである。

　ここで得られた枠組みは、景観が都市観察者にどう捉えられているのかを示すものであって、都市を構成するモノとどのように結びついているかを示すものではない。別の言い方をすれば、いままで直接的にモノと魅力を結びつけて考えていたために、冒頭で述べたような「ずれ」が生じていたのだともいえる。ここで得られた結論は直接にモノと結びついていないため、得られた枠組みが直接に都市施設のデザイン手法になるというわけではない。しかし、物理的空間と解釈が一対一で対応していないということは、物理的空間の操作だけがデザインではないということを示している。都市を体験するひとびとは、物理的空間のみならず、その場所の典型的イメージや履歴、その場所に対する記憶や想像も含めて都市を解釈しており、この解釈もデザインのひとつなのである。

　従来の研究において用いられてきた「自然・歴史・にぎわい」のような魅力の要素だけでは風景を理解しきれないことがわかったが、ここで見いだされた枠組みによって景観体験を解釈すると、たとえば同じ「自然」でも、さまざまな「よさ」があることに気づく。花や木そのものの美しさ、

それらの見せる四季折々の変化の楽しさ、また、市街地に花や木、水面などが突然あらわれることによる空間の奥深さ、植木や花を手入れしている人の心にふれる楽しさなど、いろいろな「よさ」が存在する。

　「自然があることがよい」と今までいわれてきたその裏には、さまざまな「よい理由」があったのである。したがって、都市景観をデザインするときには、どのような「よさ」が求められるのかを考える必要がある。もし単純に「自然がたくさんある景観がよい」と考えた場合、植樹することが目標になる。しかし、手入れしている人の気持ちに触れることができるというのが「よさ」の一端を担っているとすれば、業者が機械的に植えた並木と、手入れされた庭木の並んだ景観とはやはり魅力の度合いが違ってくるのである。最近、住民参加型の公園作りが各地で行われつつある。住民参加型の公園作りには、公園を作る段階での住民の意見を集約するということだけでなく、出来上がった公園には普通の公園以上の「よさ」が期待できるだろう。

　第5章で見たように、現在、都市緑化は緑の量に重点を置いている。緑が増えれば都市環境は豊かになるという考えもある。しかし、これからは緑のもつ多様な魅力を生かす政策に転じる必要があるだろう。

(1)　ケヴィン・リンチ『都市のイメージ』丹下健三・富田玲子訳、岩波書店、1968年。
(2)　多田道太郎『身辺の日本文化』講談社、1988年。
(3)　リンチ前掲書、2頁。
(4)　印象評価を数値化するための代表的統計的方法。対極にある形容詞の組

み合わせを多数用意し、その間を何段階かに分け、被験者に測定したいものの印象を、チェックしてもらう。得られたデータは因子分析などによって解析される。

第7章　環境行政と風土

緒方　三郎

第1節　行政と風土性

　環境行政の対象となるのは、自然環境と生活環境である。環境アセスメントには、自然環境への影響評価と生活環境・社会環境への影響評価が含まれている。社会環境の影響評価には、景観とともに地域の歴史性に対する配慮として遺跡・埋蔵文化財などの歴史的遺産が対象となっている。しかし、地域の歴史性は遺跡や博物館で保存・陳列の対象となるような文化財にとどまるわけではない。地方分権の時代においては、地域の個性を生かす環境行政が求められるから、従来型の環境アセスメントだけで環境行政を進めることは不十分である。では、地域の歴史性を組み込んだ評価システムにはどのような観点が必要なのだろうか。

　ひとびとをとりまく環境は、「風土」ということばによって表されることがある。このことばには土着性や共同体社会といったイメージがあり、

地域の自然環境や習俗を示すことばとして使われるほか、「企業風土」というように、企業を一つの共同体に見立てて、事業活動への取り組み方についての一般的な性格を示す場合がある。法律や行政では使われてきたことばとしては、「歴史的風土」があり、「古都における歴史的風土の保存に関する特別措置法」や旧建設省の審議会「歴史的風土特別審議会」という名称のなかに登場する。第4章で触れたように風土は多面的な概念であり、国土事業が地方の自然環境や歴史環境を改変してきたことを考えると、政策と風土とは不可分な関係にある。

わたしたちは自然環境や生活環境を積極的に変化させることによって、風土性を変化させてきた。20世紀後半に起きた風土の大きな変貌によって、わたしたちはある種の喪失を経験してきたことに気づく。風土の変貌は、景観の変化であり、地域固有の歴史の断絶であり、経験を共有する空間の喪失である。空間の変貌によって生活の利便性といった新たな価値を獲得する反面、風土のなかで培ってきた経験を世代間で伝えることが困難になってきた。

地域の特色を守り、またそれを生かすことを課題とする行政は、地域固有の風土的価値を再評価し、急激な変化を与えるような行為を意識的に防ぐ手立てを講じることを求められている。この要求に応えるのは、地域の固有性を失わせるような事業に対して、ルールを定めることである。ルールは一般性をもっており、積極的な行政の推進のためのルールを定めると、一般性によって特殊性を損なう恐れがあるという点については第4章で見たとおりである。しかし、逆に、地域の特殊性を守り、それを生かすためには、個別性や特殊性を否定するような事業を規制するルールを制定することが有効であると考えられる。ここではそのようなルールと「風土性」の概念のかかわりについて考察し、風土にかかわる事業を評価する制度の必要性について論じる。

第2節　環境行政と風土

　戦後の環境行政では、その対象としての「環境」の概念が意味するものが時代とともに移り変わってきた。とくに1960年代から70年代にかけては、国際的な環境意識が高まり、地球環境という視点から、環境の問題がクローズアップされた。このような方向と反対の方向にあるのが、ローカルな視点である。ここでは、この二つの方向を対比することで、環境行政と風土性のかかわり合いを見る。

　環境行政の流れでは、公害対策と自然環境保護・保全の二つの流れがあり、それぞれには公害対策基本法(1967年)、自然環境保全法(1972年)という、国の環境政策の方向性を示す法律が制定されていた[1]。

　公害対策基本法施行の背景には、戦後の経済成長を支えた産業発展がもたらした社会環境の歪みがあった。高度成長期には四大公害に代表されるような重大な健康被害が発生し、社会問題となった。このような状況に対する国の対応は、公害対策の所管部署として、まず1963(昭和38)年に通商産業省で産業公害課が設けられ、翌年には厚生省にも公害課が設けられた。国民の健康・福祉の増進を所管する厚生省よりも産業振興を所管する通商産業省の方がいち早く公害対策部署を設けるに至ったことは、当時の国内情勢をうかがわせるものである[2]。

　1971年に環境庁が設置されたものの、各省庁に分散した環境関連の所管業務を環境庁に統合することはなかった。そのような業務分掌の縦割りを残したことは、環境行政を分断するだけでなく、各行政担当者の環境観を狭いものにする契機となった。我が国では、高度成長期に発生した産業公害に対する法規制・技術的対策はすでに終焉を迎えている。それはけっして行政が戦略的に意図した結果ではなかったが、我が国は「公害を克服した国」と称されるようになった。

　その一方で、冷戦後の国際社会では、地球環境問題が議論の俎上に上

るようになり、温暖化や酸性雨など国境を越えて影響を及ぼす環境問題を、人類全体で対処すべき環境安全保障の問題として捉える気運が高まった[3]。国内でもそれに対応して新たな環境行政を推進するため、従来の公害対策基本法を廃止、自然環境保全法を改正するとともに、環境基本法の公布、施行を見た。

　環境基本法の制定によって公害対策（安全・保健衛生）と自然環境の保全・保護という二つの潮流として捉えられていた環境観から、自然環境、生活環境、経済環境等を総合し、さらに地域を越える空間的連続性をもった地球環境問題をも含んだ環境観へと変化した。

　1990年代には、有害物質の問題が重要視されている。生産工程で用いる有害物質の削減、管理が問題とされ、環境ホルモンの総称で呼ばれる内分泌撹乱物質の人体への影響、とくに生殖機能への影響が取りざたされている。環境ホルモンは身のまわりに存在する物質という意味で生活環境の問題でもある。即席麺等の発泡スチロール製容器からスチレン・ダイマー、スチレン・トリマーが溶出する可能性が騒動になったことがある。これなどは消費生活に密着した問題であるとともに、企業経営のあり方にも大きな影響を与えた。また、ＰＯＰｓ（環境残留性有機化学汚染物質）が環境リスクとして認識され、国際社会で議論されている。我が国の環境行政のテーマとしては、有害物質管理をも含むようになった。

　21世紀には、環境を構成する個々の要因のみを独立に対象とするのではなく、自然環境、生活環境、社会環境など環境の重層的な姿を同時に捉え、相互の関係を意識した行政が求められている。たとえば、公害対策に見られたような個別の排出源対策はもちろんのこと、原材料調達、生産活動、消費活動、廃棄という一連の物質循環のなかで、循環性を高めて環境負荷を低減させるような対策の推進が環境行政の基礎となりつつある。

　以上で述べたように、国の環境行政は、国全体を視野においたもので

あるとともに、グローバルな志向をもち、地域の具体的な環境の側面とは反対の方向を向く傾向にある。しかし、環境行政は、環境の多面性を捉えてなければならない。そこで問題にしたいのが「風土」の概念である。第4章でも述べたように、風土の概念は、地域に暮らすひとびとの身体的営みである。そこで、風土性の考慮という課題においては、身体を中心に置いて環境を捉え直すことが必要である。

身体を中心とした環境観の再構成をはかるためには、環境問題を「身の丈」の問題として認識する必要がある。「身の丈」とは、身体を中心とした考え方である。ものの大きさ、長さを示す単位の多くは身体の部位を単位としている。ここでは「身の丈」ということばを、たんにものの長さを示すのではなく、われわれをとりまく環境を、もう一度身体のそばまで取り戻す志向性、環境を身体をも含んだものとして認識する志向性を示すことばとして用いる。また、「身の丈」とは身体の大きさをさすことから、人間活動が地球や地域に与える影響に対して限度を要求することばとしても捉える。環境問題が発生しても収拾可能な範囲に納められるような活動を志向することばである。そのような意識の方向で、環境を身近な存在として引き寄せることによって、環境を現時点における区切られた空間として認識するのではなく、連続した空間、連続した時間として捉えることが可能となる。空間的、時間的にはなれたところで発生する環境問題に対して、自分自身を断絶した無関係な存在としてではなく、関係性をもった当事者として意識することを可能とするのである。

環境行政の「身の丈」化を科学技術と人間社会とのかかわりという視点から見る。すると、人間の活動による環境負荷を低減させるためには、たんに自らにとって経済効率的な技術や仕組みを導入するだけでなく、活動による環境負荷の変化を把握しやすくするということが考えられる。環境問題をわれわれの日常生活のレベルに引き寄せることでは、すでに環境ラベリング（エコマーク等の環境ラベルを商品に表示すること）や、

生活を営むなかで地域ごとに継承されてきた伝統技術の見直しがなされている。「身の丈」化した活動の実践例として、里山の落ち葉や、家庭の台所で発生した生ごみを堆肥化して、有機農作物をつくるということが挙げられる。落ち葉や生ごみを廃棄物として燃やしてしまい、農地に化学肥料を撒いた方が手間はかからないが、有機物循環の仕組みを利用する方が環境負荷は低い。ブラックボックスに囲われがちな科学技術でなくとも、これまで育んできた知恵の体系である伝統技術を生かし、環境負荷の低減に向けて活動していくことが可能である。

第3節　環境アセスメント制度の現状

　風土性に急激な変化を与えるような行為に対し、どのような基準やルールを設定すればよいであろうか。また、基準やルールに「身の丈」を反映させるものとするために、どのような配慮が必要だろうか。本節以下では、環境アセスメント制度を検討する。

　アセスメントとは何らかの事業を実施することによって発生する影響を、事前に評価する手続であるから、計画プロセスの一つである。事業の実施に伴い、好ましくない影響の発生が予想される場合には、計画を実施するうえで必須の手続となる。

　事前評価の対象を何にするかによってさまざまなアセスメントがあり、その対象は環境分野に限ったものではない。たとえば、わが国では1970年代にテクノロジー・アセスメントが導入された。1969（昭和44）年に産業予測特別調査団が訪米し、この概念を輸入したのである。テクノロジー・アセスメントとは、原子力や巨大都市建設などの新しい技術の導入が社会に与える影響を事前に評価し、導入の可否を判断するというものである。1970年代にさかんに行われたが、1980年代に入るとあまり

実施されなくなった。当時の調査では、一部の企業から技術制約と捉えられていたこと、費用・実施体制面での問題、啓蒙と手法開発の必要性が指摘された[4]。

環境アセスメントとは、広義には、人間の活動が環境に及ぼす影響についての事前評価を幅広く意味し、製品アセスメントやテクノロジー・アセスメントを含むものという捉え方もある[5]。しかし、我が国の環境アセスメントは、事業に伴って発生しうる環境への影響を事前に評価する制度(事業アセスメント)として捉えられてきた。我が国の環境アセスメントは、続発する公害への対応として環境庁が発足した年の翌年(1972年)に、閣議了解事項として制度化されたという経緯がある。制度化された環境アセスメントの対象項目は公害と自然環境であったものの、環境アセスメントの基礎が公害対策基本法により制度化された公害事前調査であったことから、公害対応に重点があった[6]。

旧環境庁が環境影響評価法というかたちで、環境アセスメントの法制化に向けて努力を続けたが、他の省庁や産業界の反対にあって、閣議了解事項という状況が続いた[7]。しかし、その間に地方自治体では独自に条例や指導要綱をつくり、運用を始めた。国による法制化は環境影響評価法の公布(1997年)を待たなければならなかった。

国では戦略的環境アセスメント(SEA: Strategic Environmental Assessment, 以下、SEAという)の導入を検討している[8]。SEAは、「提案された政策・計画・プログラムにより生ずる環境面への影響を評価する体系的なプロセス」と定義され、「意思決定のできる限り早い適切な段階で、経済的・社会的な配慮と同等に、環境の配慮が十分に行われ、その結果適切な対策がとられることを確実にすること」が目的とされている[9]。従来の環境アセスメントを超えて、環境とともに、経済、社会をも視野に入れた枠組みであり、環境、経済、社会の三つの側面を調整し、「持続可能な発展」の実現を目標としている。SEAの研究者サドラーらは、

表1　SEAの目的と調整手法

	価値基準	手法
環　境	環境容量	環境影響評価
経　済	効　率	費用便益分析
社　会	公　正	社会影響評価

「持続可能な発展」を「将来世代にとっての環境上の選択肢を狭めないで、ひとびとのニーズを満たすことである」とし、生物圏という制約のもとで、環境、経済、社会という三つの目標をバランスをとりながら達成していくことで可能としている[10]。

　環境、経済、社会の三つの目標の価値基準はそれぞれ、環境容量、効率、公正であり、これらは環境影響評価、費用便益分析、社会影響評価という手法で評価する（**表1**）。

　しかし、環境、経済、社会の価値はトレードオフの関係になっている場合があり、調整をはかる必要が生じる。そこで、さらに三者の間に共通の目標を設定し、それらの目標とされた価値の共通項として「持続可能な発展」を位置づける。

　共通の目標としては、環境と経済とのあいだには「環境と経済の統合」という目標が、経済と社会とのあいだには「住民重視の地域社会の経済」という目標が、環境と社会とのあいだには「公正な環境保全」という目標が挙げられている。SEAは環境的側面とともに経済的側面や社会的側面を同時に評価し、調整する枠組みとして提示されている。

　一方、地方自治体の環境アセスメントでも事業計画の策定段階から審査を行うこと等を盛り込むようになってきており、SEAの考え方の反映が見られる[11]。東京都などの自治体が実施しており、これらの動向は地方自治体が現行の法制度の不十分な点に対して地方行政で主体的に対処しようとしたものである。東京都の「総合環境アセスメント」制度は、

事業者側が事前に複数の開発計画案を作成することになっているため、計画案の比較が可能である[12]。また、審査会は学識経験者のほか、公募で選ばれた都民で構成されるので、事業の計画段階から住民が参加することになる。

　以上のように、一部の地方自治体の環境アセスメント制度では、国で検討を進めているＳＥＡの考え方の反映が見られるようになった。ＳＥＡと同様な地域環境、地域社会、地域経済への影響を調整する仕組みの導入も検討課題として挙げられる。しかし、環境アセスメント制度を前節の「身の丈」といった視点から見ると、ＳＥＡの導入検討だけでは環境の時空間的連続性への配慮が不十分である。

第4節　風土的視点の必要性

　環境行政の対象の変化は環境問題の複雑化・広域化がもたらしたものであり、狭い環境観で環境問題を捉えることからの脱却を示唆するものである。

　たとえば、公共事業の多くは風土を対象にしているといって差し支えない。公共事業の推進・反対にまつわる議論は、自然環境だけにとどまらない風土を変えるのか、残すのかという議論である。吉野川第十堰建設に関する住民投票（平成12年１月23日実施）の事例では、防災と自然保護という二つの価値の対立の問題が見られる。あるいは、莫大な建設費とそれを使わなかったときの他の用途の可能性、つまり予算制約のもとでの行政サービスによる効用の最大化と分配の問題として捉えることができる。このような多様な価値の比較を含む問題は、環境行政ではなく、風土の概念が有する多面性を総合化する視点から取り組むべき問題である。行政がこのような問題を解決しようとすれば、行政の対象は拡大し、

風土全体を対象とせざるをえない。そして、それは風土性の総合的評価というかたちでなされるだろう。

　風土性に急激な変化を与えるような行為に対する基準やルールを設定し、かつ「身の丈」を意識した行為に社会的にインセンティブを与える仕組みとして、風土指標を導入し、風土アセスメント制度の確立へと向けた方向性が考えられる。

　環境・経済・社会的価値の調整をはかるＳＥＡの枠組みは、風土性の客観的な側面である自然環境、生活環境、文化環境等を対象としていることから、風土性と整合性が高いと考えられる。しかし、その一方で風土とは地域固有の概念であり、地域の歴史やそこに存在するひとびとの感性とも密接に結びついたものとなっている。この点で風土的視点に立つことは環境、経済、社会の三つの調整として捉える限定的な環境観よりも広いものとなっている。たとえば、地域の歴史性やひとびとの感性の問題は、ＳＥＡの枠組みでは社会影響評価の一部分として扱われ、表面に現れにくい。風土概念を生かした指標を作成し、アセスメントの基準として導入することが必要である。

(1)　環境基本法施行までの経緯は、環境庁企画庁調整局企画調整課『環境基本法の概要』(1994年)の第1部に詳しい。
(2)　橋本道夫『私史環境行政』朝日新聞社、1988年、65-67頁。
(3)　米本昌平『地球環境問題とは何か』岩波書店、1994年、第2章。
(4)　テクノロジー・アセスメントの導入経緯と評価については、科学技術庁科学技術政策研究所の研究報告書『先端科学技術と法的規制』(1999年)に整

理されている。「第2編　規制のための合意形成努力」参照。
(5)　B.サドラー、R.フェルヒーム『戦略的環境アセスメント　政策・計画の環境アセスメントの現状と課題』原科幸彦監訳、国際影響評価学会日本支部訳、ぎょうせい、1998年、197-209頁、原科幸彦・倉坂秀史「解題」。(原著 Barry Sadler and Rob Verheem, *Strategic Environment Assessment− Status, Challenges and Future Directions−*, Ministry of Housing, Special Planning and the Environment of the Netherlands, 1996.)
(6)　島津康男『市民からの環境アセスメント』日本放送出版協会、1997年、28頁。
(7)　島津康男『新版　環境アセスメント』日本放送出版協会、1987年、117-118頁。
(8)　環境庁『戦略的環境アセスメント総合研究会報告書』2000年8月。
(9)　B.サドラー、R.フェルヒーム　、前掲書、19頁。
(10)　同上、29頁。
(11)　このような地方自治体行政の意図するところは、事業内容が固まった段階でアセスメントを行っても、大幅な事業変更をしにくいため、事業の企画段階から審査しようというものである。従来、地方自治体は明文の委任規定なく条例を制定することはできないと解されていた(明示的委任必要説)。地方自治体の行政事務は機関委任事務制度によって制約を受けていた各自治体は、必要な場合に要綱など手続を法律にもとづく各種申請のまえに設け、法的根拠に乏しい行政指導によって対応していた。地方分権一括推進法制定の過程で地方自治法が改正され、機関委任事務が廃止されたため、地方自治体の裁量の範囲が増えるが、行政能力がより厳しく問われることになる。
(12)　東京都の総合環境アセスメント制度については、東京都のホームページ
　　http://www.kankyo.metro.tokyo.jp/asess/sougou−asess/sougou.htm
　　(平成13年8月31日現在)を参照。

第8章　環境情報と感性的価値判断

桑子　敏雄

第1節　ＩＴ革命と「知識」の変容

　21世紀初頭から、ＩＴバブルの崩壊が懸念される一方、ＩＴ革命は着実に進行し、社会のさまざまな方面に浸透している。その一端を考えることから、「情報空間と感性的価値判断」の問題へと入ってゆこうと思う。

　ＩＴ革命とはたんなる道具の革命ではなく、ひとびとがもっている価値の構造を根幹から変えるものである。それはいわば情報環境の革命といってもよい。この革命が引き起こしているもののひとつに「知識」のあり方がある。

　たとえば戦後は「知識人」といわれるひとびとが日本のオピニオンリーダーとして大きな発言力をもってきた。彼らは、ひとびとの代理人として、アクセスの難しい情報を手に入れ、そのなかから情報を選別し、論評を加えて（つまり価値づけをして）、ひとびとに提供するいわば知の流通

業の役割を果たしてきたのである。それはちょうど、新鮮な魚が直接手に入りにくい時代に、漁港から消費者へ魚を手渡す役目をしてきた流通業に似ている。しかし今では、産地直送にインターネットが加わり、消費者は直接産地と結ばれている。情報革命は流通の中抜き現象を引き起こし、流通業界の経営は下降線をたどっている。それと同様に、知識の流通業についても、中抜き現象が起きているように思われる。

　中間流通業者としての知識人の役割は終わったというのがわたしの認識である。多くのひとびとは、簡単に大量の情報を手にいれることができる。そこで新しく生じた課題は、付加価値のついた情報を提供してもらうということではなく、大量の情報から価値ある情報を一人ひとりが自分自身で価値づけし、選び出さなければならないということである。必要なのは、選別され価値づけられた情報を与えてもらうことではなく、大量の情報から価値ある情報を自ら選び出す能力を身につけることである。

　知識が「知識人（評論家や大学の研究者なども含む）」のものであった時代は終わった。では、知識はどこにあるのだろうか。たしかに、いままでは、大学で知識を身につけることがめざされた時代であった。いわばストックとしての知識が求められてきたわけである。知識は、知識人といわれるひとたちが選定し、それを身につけることが人生にとってひとつの重要な目的と考えられたが、すでに多くのひとびとが大学を卒業し、「教養的な知識」や「専門的な知識」を身につけている。

　しかし、身につけたからといって、使うことができるというわけではない。知識を身につけることは教えられても、知識の使い方を教えられるとは限らないからである。教師たちも同様であり、知識の使い方をどう教えるかということは、習っていないのである。これからは、知識は身につける時代ではなく、身につけた知識を使う時代である。ひとことでいえば「知識活用」の時代である。その活用のひとつとして、大量の情

報から価値ある情報を選別する能力の発揮ということがある。知識は情報から価値あるものを選択し、知識自身を拡充してゆく力として機能すべきである。むしろ、そのような知識こそ身につけなければならないであろう。

　重要な点は、知識は書物のなかにあったり、図書館のなかにあったりするのではないということである。古代ギリシアの哲学者、プラトンやアリストテレスが語ったように、知識は、むしろ個人の能力として存在する。知識は、潜在的なものなので、個人が能力を発揮する場が与えられてはじめて、その能力の真価が発揮される。知識とは普遍的なように見えて、実は個人のなかにあり、特定の状況のなかでその力を発揮するものであるという点が見逃されがちなところである。

　知識は、個人のなかに能力として蓄えられ、適切な場で発揮される力をもつ。それはその人自身やその人の環境を変える力をもっている。同時に、知識は発揮されるときに、その真であることが他者にも認識されるという特徴をもつ。この意味で、人間は知識を共有しうるのである。

　さて、知識と対照的に、情報は広がり、漏れ、流通するという性質をもっている。それはあるときには真実であり、あるときは虚偽である（これは知識には当てはまらない）。また物事についてきちんと知ることを可能にするが、他方で、誤った判断のもとにもなる。情報はいい加減であり、あいまいさに満ちている。

　情報技術が一般化する以前は、情報は管理され秘匿され独占されるものであり、また意図的に漏洩されるものであって、権力構造の中枢にあった。知識人たちが知識の流通産業の従事者でありえたのは、彼らの手にいれることのできる情報が一般のひとびとには簡単にアクセスできなかったからである。しかし、ＩＴによってわたしたちは、大量の情報を手に入れることができるようになった。情報は独占的に操作されることによって支配の道具にされるよりも、むしろ公開され共有されることに

よって力を発揮する時代となっている。国や地方自治体、企業といった組織のリーダーにとっても、情報の開示は信頼をかちうるために不可欠の条件である。そこで、問題となるのは、情報の共有が人間と社会にとってどのような意味をもつかということである。

第2節　情報共有の課題と感性的価値判断

　2000年度から2001年度にかけて、東京工業大学価値システム専攻桑子敏雄研究室では、ＮＴＴ生活環境研究所とともに「国・地方自治体と地域との双方向型情報共有ベースの構築」という研究題目で、「国や地方自体と地域住民との双方向型情報提供・共有システムの構築を目的として、共有するべき情報の必要性や共有の意味について」の研究を行っている。この共同研究では、ＮＴＴ生活環境研究所が行っている滋賀県および守山市周辺の琵琶湖に関する情報共有システム構築の研究に参加し、環境情報の共有に関して解決すべき問題点を洗い出し、問題解決のための基礎的な考え方を提案することを課題としている[1]。

　さて、琵琶湖の環境には、滋賀県や守山市などの各自治体、環境ＮＰＯ、その他、小学校など多様なセクターがかかわっているが、琵琶湖の環境形成に関心をもっていても、その熱意や関心の方向、活動に対する思い入れなどはさまざまであり、この多様性が現在のところ一致した合意形成を難しくしているという事情がある。とくに環境にかかわる理念形成の面では、現時点では十分なコンセンサスが得られているとはいえない。共有する理念のもとに、よりよい環境の実現をめざして、全体を調和させながら取り組むためには、相互の情報交流が是非とも必要であり、しかもこの認識は多くのひとびとがもっている。21世紀の情報社会のあり方を展望しながら、そのような情報共有システムにとって取り扱

うべき情報とはどのようなものであるか、情報の共有はそもそもどのような意味をもっているのかということを問うことがここでの課題である。

いま述べたように、環境に対する取り組みには、ひとびとに温度差があり、コンセンサスを得るための障碍となっていると多くのひとびとは考えている。たしかに、環境といういくぶん生真面目な課題に真剣に取り組もうとするとき、その取り組みの程度によって、熱意の差が生じることも多く、また各グループの間の調整にも難しさがある。同じ琵琶湖にかかわっていても、このような違いがコンセンサスの阻害要因としてイメージされてしまうことも何ら不思議なことではない。

だが、コンセンサスの過程で、熱意の度合いや思い入れの違いは、障碍とみなされるべきなのだろうか。関心や思い入れの根幹にある感性的価値判断の構造を考察するならば、環境に対する取り組みの差は、環境の豊かさを認識し、より大きな視野によって環境にかかわる行動理念を捉え、またそれを具体化するために有効なのではないかとも考えらえる。

ここで「感性的価値判断」を説明しておこう。人間は、それぞれが置かれた空間とのかかわりのなかで人生を送っている。「それぞれの置かれた」というのは、人間は身体的な存在だということであり、この身体が空間と固有の関係を結んでいるということである。空間とのかかわりが固有なものであることによって、そのかかわりも千差万別である。そのことをいったん認めさえすれば、同じ空間に対する態度が多様であることは当然のことであることがわかる。多様な立場の存在は、すべてのひとびとが共有しなければならない前提である。

多様性にもかかわらず、ひとびとは同じ琵琶湖という共通の空間のなかでそれぞれの人生を営んでいる。問題なのは、このような多様な立場で同一の空間に対する態度をもっているという状況で、スタンスや思い入れの違いをどのように共有することができるかということである。た

とえば、琵琶湖の空間での生活を「うるおいがある」とか「やすらぐ」とか言うとき、これらの価値判断の共有はどのようにすれば可能なのだろうか。また、環境にかかわる情報の共有では、このような感性的価値判断はどのような位置づけを与えられるべきなのだろうか。
　ここでは、高度な文化的感性判断を考察するのではなく、ごく日常的な場面で用いられる「うるおいがある」という判断について、少し立ち入って考えてみることにしよう(2)。しばしば言われることであるが、感性的価値判断は、主観的であるとされる。あるいは感情的な価値判断であるとされる。なぜなら、「うるおいがある」という判断は、「うるおいを感じる」ということであり、ここでの「ある」は「感じる」ないし「感じられる」ということであって、存在が感覚に還元されるような印象を誰もがもつからである。
　「主観的である」ということが含むのは、「客観的でない」ということである。とすれば、「うるおいがあるという判断は主観的である」という判断は、「うるおいがあるという判断は客観的ではない」ということを含んでいる。さらに、このような判断は、主観と客観の区別を意味のあるものとみなし、それを根拠にしていることがわかる。感性的な価値判断が主観的かどうかという問題とともに、感性的な判断を主観と客観の二分法のもとで論じてよいかどうかという重大な問題がここに生じる。
　「感性的価値判断は主観的か、客観的か」という問いそのものが西洋近代の思考枠組みのなかでの問いであることに注意すべきである。この問いは、主観と客観の区別を固定し、ある判断がちょうど人間の皮膚の外と内で完全に区別されるかのように論じることになるからである。それはちょうど、ある出来事に関して、人間にとって内的な事象であるか、外的な事象であるかと問うことに等しい。このような問いでは、内と外との境界で生じている出来事についても、内的な出来事なのか外的な出来事のいずれかになってしまう。たとえば、呼吸は人体内部の出来事な

のか、それとも人体外部の出来事なのかと問うことは、あらゆる事象が内と外で区分されるという前提のもとで問われるならば、解答不能な問いとなるであろう。内外の二分法を前提にするならば、ある判断が人間の内的な事象にかかわるものか、あるいは外的なものなのかと問うこと自体が、内と外とのかかわりのなかにある判断を理解不能にするか、あるいは不合理にも無理に外か内かに組み込んでしまう。

　たとえば「つめたい」という判断を考えてみよう。この判断は、皮膚の表面での知覚に関する判断であるが、「つめたい」という性質は、外的な対象の性質なのか、それとも皮膚の内部での知覚の表現なのか、と問うならば、そのどちらでもなく、皮膚が外的な対象に触れたときの知覚を言い表す表現であると答えるのが正当であろう。それは皮膚と外的な対象との関係を捉えることばである。このような知覚判断は、まさに人間が身体的な存在であり、空間のなかにあって、他の空間的対象と「ふれる」という関係のもとで生きていることによって生じるものである。

　暑い夏の日に、山の清水に触れて「つめたい」というとき、わたしたちの経験はしばしば快感を伴っている。「つめたい」という判断は、「つめたくて気持ちがいい」という判断でもある。このとき、「つめたい」という判断は一種の価値判断として機能している。また、寒い日に外から帰った部屋が暖まっていたとき、「あたたかい」というとき、そこにもまた快感を伴う知覚判断が下されている。このようにわたしたちは自己の身体的条件に適合する外的経験について快感をもち、あるいは自己の身体的条件を損なうような過度な条件、たとえば、過度に寒い、冷たい、熱いなどの条件に接すると不快の感覚をもつ。あるいは、それを回避しようとする。そこに一種の価値判断が働く。

　空気に対する価値判断を含むこのような知覚判断の例としては、「さわやか」という価値語がある。山に登って高原の風に吹かれたときの快感は、自己の身体的条件と外的環境との相関のなかではじめて発生する

ものであって、この「さわやか」は、「さわやかな風」と言うこともできるし、「さわやかな気持ち、気分」ということもできる。むしろ、この「さわやかさ」は、空間と身体との相関的な関係のなかで発生するものであって、その相関性そのものの表現として理解することができる。

「うるおいのある生活」という表現での「うるおいのある」は、「さわやかな」に近い表現として見ることができるであろう。ただし、「さわやかな」というのは、たとえばある空間に位置する身体がその周囲の空気の流動に対して感じる感性的な価値であるが、「うるおいのある」というのは、そのような個別的な経験を表現するものではなく、そのような個別的経験を可能にするような持続的な空間の性質、あるいは、そのような空間に持続的に生活したときにはじめて語りうるような感性的経験の価値判断であり、この意味で、空間のもつ時間性に由来するものと考えることができる。それは人間が同一の空間のうちに生きる時間的存在だからであり、そこに一定の時間「住む」あるいは「滞在する」ことによって、履歴をもつからである。「履歴」の概念は、空間と時間とを結ぶものであり、あらゆる時間的規定は、同時に空間的規定でもあるということを主張するものであって、履歴のなかには、空間の配置の概念が含まれる。と同時に、配置はかならず時刻の指定をもつので、配置はつねに履歴のなかの配置である。

さて、感性的価値判断を主観的なものであるとする考えは、主観と客観という人間の経験を固定的な枠組みのなかで無理に分類しようとする試みの結果である。このような強引な認識に至った原因を考えてみると、そのひとつには、感性的な価値判断は個別的だという点がある。主観的な事象は、内的な、あるいは内面的な事象であり、これはそれぞれの人が自分の内部だけで知りうるものであって、自己というものが唯一の存在である以上、感性的な価値判断もまた、個別的なものであり、だから、それはけっして他者とは共有しえないものである、というものである。

このような主張は、内面性と個別性という二つの条件を混同している点で「配置」と「履歴」の観点から批判することができる。人間は、それぞれが身体的な存在として空間のうちに存在している。身体は、固有の配置をもつという点で空間的な存在である。だれも他人の立っている位置に完全に重なって同時にものを知覚したり、出来事を経験したりすることはできない。経験や知覚が個別的なのは、身体的配置が唯一なものだからである。また、この身体的存在は、ある空間的配置に至るプロセスというものをもっている。それが履歴である。それぞれの身体が固有の配置をもつ以上、それらの身体の履歴もまた固有であり、この意味で唯一である。わたしたちは、この配置と履歴の点ですでにユニークな存在であって、だからこそ、この履歴と配置のもとでの外的な対象との相関の知覚もまたユニークなのである。そこで感性的な価値判断もひとそれぞれということになる。

　しかし、「感性的価値判断は主観的である」という判断は、このような配置と履歴という身体と空間との相関性をまったく考慮することなく、皮膚を境界として経験をその外か内かに押し込めてきた。このような大前提のもとでは、感性的な価値判断は、その固有性を論拠に、内的なもの、さらには、主観的なものとされてしまうことは自然である。感性的な判断はひとそれぞれであり、また、人間の内的自己は個別的なものであるから、感性的判断は、人間の内的自己に属する主観的なものであるとされるのである。

　このような考察の筋道では、感性的価値判断の共有ということは不可能になってしまうであろう。同じ高原に立って、風に吹かれ、「さわかやね」とお互いに言ったとしても、わたしの「さわやかさ」とあなたの「さわやさか」とは異なるのであるから、同じことばを異なる意味で語っていることになる。なぜなら、わたしの感じるさわやかさは、わたしの内面で起きている経験であり、わたしの主観的な感情だからである。また

あなたの感じるさわやかさは、あなたの内面で起きている経験であり、あなたの主観的な感情である。だから、あなたとわたしが異なっているように、あなたのさわやかさとわたしのさわやかさは、異なっていて、あなたの心のなかをわたしは経験できないから、あなたの感じている「さわやかさ」をわたしは経験することはできない、ということになる。

第3節　感性的価値判断の共有は可能か

　これまでの考察の道筋では、感性的価値判断の共有ということは絶望的である。感性的な価値判断を用いた判断を環境問題に適用しても、それは個人の主観的な意見であり、公共的な空間政策に適用することなど不可能である、という主張にもつながるであろう。だれもが共有できる客観的なデータ、とくに数字によって表現できるデータが環境情報の基礎的な部分になる。誰もが有無なく承認する数字に立って、合意形成が行われなければ、説得力のあるコンセンサスにはなりえない、ということになってしまう[3]。

　だが、環境にかかわるひとびとは、そこに生息する魚や生育する植物を絶滅の危機から救い、それらが豊かになるような環境を望んでいるが、そのことを究極のものとしているわけではない。彼らも、動物や植物に囲まれた豊かな環境のもとで「うるおいのある生活」をしたいと望んでいるのである。この「うるおいのある生活」を究極の目標にしながら、そのような感性的な価値判断を合意形成の場面で排除しなければならないという論理こそが奇妙であると考えなければならない。

　では、どのようにすれば、感性的価値判断の共有は可能なのであろうか。すでに述べたように、感性的な価値判断は、外的な対象と身体的自己の相関を基礎にもつ価値判断である。同じ風に吹かれて感じるわたし

の「さわやかさ」とあなたの「さわやかさ」が異なるとしても、その差異は、まず、わたしとあなたの身体的な違いとして説明することができる。山の頂に立って、吹き上げてくる風を感じるとき、そのさわやかさを共有するために、わたしはわたしの立っている場所をあなたに譲るであろう。そのとき、わたしは、わたしの感じたさわやかさをあなたが感じていることを確信するのである。そのとき、わたしたちは同じさわやかさを共有することができる。わたしとあなたが同じ場所を経験できるのも、そして完全に同一の場所で、同一の時間に経験できないのも、わたしとあなたがそれぞれの身体をもつ存在だからである。

　では、身体的な存在が「さわやかさ」という感性的価値判断を共有するには、どのような条件が必要だろうか。わたしとあなたが同じ人間であること、わずかな時間の差をもって同じ場所に立つことができること、一定の風が吹いていること、などである。このような条件の基礎にある条件として重要な点は、わたしとあなたが同じ空間に生きる身体的存在であるということが挙げられるであろう。このことがもっている意味はきわめて重要である。わたしたちは同じ空間を共有しているのである。

　同じ空間の共有は、わたしたちの基礎的な経験である。同じ空間にわたしとあなたが存在していることをわたしは知覚することができる。わたしはわたしの身体の一部をあなたが存在する同じ空間のなかに見る。わたしは自分の手でもつカメラのレンズを通して、あなたの姿を写すことができる。あるいは、カメラのレンズを通して確認したあなたのとなりに立った写真をセルフタイマーによって写すこともできる。

　同じ写真に写すことができるということが意味しているのは、わたしたちは同じ時間に生きているということである。わたしたちは同じ時間も共有しているのである。同じ空間に生きているからこそ、わたしの場所とあなたの場所は同じではないということができる。異なった場所を占めるということが同じ空間に二つのモノが存在するための基本的条件

である。

　感性的な価値判断の共有という問題に関して、以上の考察は重要な示唆を与えてくれる。感性的価値判断は、時間と空間の共有という根本的な条件のもとで共有可能になるということである。「さわやかさ」を共有することを、あなたとわたしが身体的に異なる存在であり、また精神においても異なる存在であることを理由に否定することはできない。すなわち、感性的価値判断の共有可能性を身体的差異と個人的な差異を基礎に否定することはできないのである。感性的価値判断を内的な体験とし、個人の内面に押し込めようとする理論は、人間が同じ空間と同じ時間を共有しているという根本的な事態を見失っている。多様な感性的判断を基礎に、わたしのいう「うるおいのある」とあなたの「うるおいのある」という判断は異なっていて、同じ意味をもつということはできないという主張は、共有する空間に対する認識を見失っているという点で批判されなければならない。

　それにもかかわらず、同じ空間に対する感性的経験はひとそれぞれであるといわれる。同じ琵琶湖の空間に暮らしながら、いろいろなひとびとがさまざまな経験を語る。「うるおいのある生活」といっても、どんな意味で「うるおいがある」と語っているのかは、多様であろう。とすれば、感性的価値判断は、やはりひとそれぞれであり、同じ「うるおいがある」と語っていても、意味が異なるのではないか。語る人の意味が多様であれば、同じ感性的な価値判断などもつことは不可能ではないのか。このように問われるかもしれない。

　そこで、「うるおいがある」という判断に、その判断を下すひとの配置と履歴を加えることによって、感性的価値判断の共有可能性を説明してみたい。たとえば、琵琶湖の東岸に暮らしているひとにとって、琵琶湖は西に広がり、夕日が比叡の山に沈むのを見る。西岸に居住するひとは、日の出を伊吹山地に見る。二人は、琵琶湖をはさんでその空間のなかに

固有の身体的配置をもちながら、暮らしている。二人の身体的配置は、琵琶湖の空間を共有している。配置が異なるということができるのは、同じ空間を共有しているからである。同じ空間の共有にもとづいて、その空間との相関を「うるおいがある」と判断するのである。同じ判断をこの二人が下したとき、二人は相関する琵琶湖空間と自己の関係を述べている。二人の判断のなかには同じ空間への言及があるので「うるおいがある」という判断の主語は、同じ琵琶湖空間であるということができる。

　しかし二人は配置を異にし、また、その配置に蓄積された履歴を異にしている。どのような経緯で二人が「うるおいがある」という判断を下したかは、その配置と履歴の記述にもとづいて説明可能なものとなる。配置と履歴の説明が感性的価値判断の根拠を示す。この根拠を理解することによって、二人の判断は、相互の理解を促進し、おたがいの判断が共通のものをもつことを確認するであろう。

　二人の人物がある機会に、琵琶湖畔での生活について語り合う機会があったとしよう。彼らは、自らの配置と履歴にもとづいて、琵琶湖での「うるおい」について相互に理解し、同意する。そのとき、彼らは、琵琶湖畔の生活の「うるおいがある」という感性的価値判断を共有することができる。感性的価値判断の共有は、彼らの配置と履歴によって保証されるのである。配置と履歴をもつ身体的存在という人間の基本的存在条件を無視して、内面性の視点から感性的価値判断を説明することはできない。

第4節　情報システムと感性的価値判断

　琵琶湖畔の「うるおいある生活」について、琵琶湖の東西で空間を共有する二人の人物が琵琶湖畔には「うるおいがある」という判断を下すこと

ができたとしても、たとえば、琵琶湖から遠く隔たって暮らしているわたしにとっては、同じ価値判断を下すことはできない。これは「琵琶湖での生活はうるおいがある」という価値判断をわたしの判断として下すことができないということを意味している。わたしは、配置と履歴を琵琶湖からはるか遠くにもっていて、二人のようにその空間に直接かかわることができないからである。

　それにもかかわらず、わたしはしばしば琵琶湖をフィールド調査し、そこに住むひとびとにインタビューし、そこに暮らすひとびとの様子を観察し、夜明けと日没の美しい風景を経験する。そのようなわたしの配置と履歴にもとづいて、わたしは「琵琶湖畔での生活にはうるおいがあるに違いない」という推測的価値判断を下す。琵琶湖畔に居住しなくても、たとえば、通勤によってその空間を活動の場としてもっているひとびともいるであろう。さらには、日常的に活動していなくても、たとえば休日ごとに釣りに来るひとびともそのような判断をもつかもしれない。

　では、たとえば、霞が関で琵琶湖の環境に関する行政にかかわろうとしているひとびとはどうであろうか。彼らにとって、「琵琶湖畔での生活にはうるおいがある」という判断を共有することができるだろうか。国の行政レベルでは、地方の河川に関係する事業ですら、霞が関の行政官が所管の河川空間についてさまざまな価値判断を下し、また意思決定する。その際、これまでは、感性的価値判断は、主観的な、あるいは感情的な判断として、行政の意思決定から排除されてきた。しかし、このような態度は、いま大きな転換期を迎えている。ふるさとにふさわしい行政が求められ、地方分権や情報公開の進展に伴って、むしろ、当該地方に住むひとびとの価値判断が重要視されつつある。じっさい、行政の方でも「うるおいのあるまちづくり」などという感性的な価値表現によって、これからの都市事業の方向性を描き出している。ここちよく響くだ

けに、こうした表現には落とし穴がある。たとえば画一的な「親水空間」を作ることが、「うるおいのあるまちづくり」と言われたりする。

　このような状況のもとで、ひとつの可能性として議論したいのがＩＴである。つまり、環境と情報の関係で、環境問題に対してＩＴをどのように活用してゆくかという課題が議論されているのである。この問題をわたしは、環境情報と情報環境をどのように結ぶかという問題として捉えているが、このとき、環境情報の中身が問題である。情報公開法が実施され、国の行政機関による情報開示が進められている。が、このときしばしば情報開示は、行政のもつ情報を住民が受け取るという形を取る。

　しかし、このような行政から住民への情報開示という一方向は、ＩＴの有効使用の半分でしかない。むしろ、ひとびとが環境とどのようにかかわっているかということを住民から行政に向けて情報発信し、相互の情報交流、情報共有することがこれからの課題である。琵琶湖の場合にも、さまざまなセクターが情報を提供し合い、共有し合う「多方向型環境情報共有システム」がふさわしいように思われる。多方向型の環境情報システムでは、環境にかかわる感性的価値判断も含めて、ひとびとが環境に対してどのようなスタンス、感情、思い入れをもっているかを明らかにし、その差異を相互に認識し、承認することが重要である。多様な思いの表現ができるのは、琵琶湖空間のもつ豊かさの証である。

　では、感性的価値判断のネット上での共有ということは、はたして可能なのであろうか。先にも触れたように、感性的価値判断の共有は、同一空間の共有という事態の上に成立する各人の身体と空間との相関性の把握ということであった。だが、ネット上では、このような身体的なリアルな空間の共有ということがそもそも成立しない。

　いま述べたこの問題は、たとえば、「琵琶湖畔の生活にはうるおいがある」という判断をひとびとが情報ネット上で共有することはできるか、という問いとして立てることができる。ＩＴによって、感性的価値判断

をどのように共有できるのだろうか。霞が関にいても、地方の特定空間の感性的価値を共有することはできるだろうか。

　すでに述べたように、感性的な価値は、身体的存在である人間の配置と履歴をベースにしている。感性的な価値とは、身体的自己が環境と相関するとき、その相関にかかわる判断だからである。「うるおいがある」のは、身体的自己の内部でもないし、外的環境でもない。その両者の関係そのものが「うるおいがある」のである。とすれば、この関係性そのものを理解することが、感性的な価値判断の理解と共有の基礎となるのではないか。

　たとえば、琵琶湖の価値を表現しようとするとき、その風景の美しさを強調するために、絵はがきがしばしば用いられた。だが、多くの場合、絵はがきには、風景しか写ってはいない。撮影者は風景そのものに価値があるように思っていたからである。しかし、風景は、見られるものと見るものとのかかわりのなかに存在するということができる。この意味で、絵はがきは、空間の価値の半分しか表現していないことになる。

　重要なのは、その風景のなかで活動しているひとびとと空間との相関を捉えることである。その空間がそこで暮らすひとびとにとってどのような意味をもつのか、そこを訪れる旅人にとってどのような存在なのかを情報としてわたしたちが得るとき、わたしたちはその空間と人間とのかかわりの意味について考えることになる。琵琶湖畔の生活がどのようなうるおいを与えてくれるかは、そこで生活するか、生活しているひとびとの様子を見るか、どちらかであろう。とするならば、問題は、ひとびとと空間との相関を表現するための配置と履歴をどう情報化するかという課題に帰着する。

　美しい風景写真だけでは、生活にうるおいのある空間であることを十分に表現することはできない。むしろ、そこに居住するひとびとの日常的な行動、すなわち「くらし」をその表情とともに映像化するというよう

なことが考えられるであろう。もちろん、そこには、そこにくらすひとびとの表情そのものがあってよい。

　では、上記のようにすれば、感性的価値判断は、十分な形で、ネット上で共有されるのだろうか。この問いに対しては、わたしはいまのところこう考えている。情報空間と身体空間は、そのはたらきのうえできちんと区分されなければならない。情報空間で可能なのは、ひとびとがどのような感性的価値判断をもっているかということを伝えることである。霞が関で琵琶湖関係の事業に携わるひとにとって重要なのは、「琵琶湖畔の住民のひとびとは、これこれの理由で、その生活にうるおいを感じている」と判断できることであり、この判断をも考慮して事業を進めることである。だが、このようにしたとしても、その官僚自身が「琵琶湖畔の生活にはうるおいがある」ということを自らの身をもって判断できるということではない。自らの身をもって行った感性的価値判断は、あくまで実空間に身を置いて行う判断である。

　情報空間の機能を考察するということは、いままで漠然としてしか意識されていなかった身体空間と情報空間の区別にメリハリをつけるということである。合意形成にいくらネット上の情報が有効であったとしても、合意形成プロセスのすべてが情報空間上で行われるわけではない。むしろ、前提となる情報を十分交換したうえで、おたがいが信頼関係をもって合意するためには、同じ空間に身を置いて、つまり、同じ部屋のなかで同じテーブルを囲んで、話し合うことの重要性が認識されなければならない。情報を共有しうるということと、同じ部屋にいて、握手を交わしながら、相互の信頼を共有するということは別のことである。情報空間で握手の力がどれほどであるかを感じることはできない。

　ここで「信頼」は二つの意味で問われている。つまり、情報を共有することによって生まれる信頼と、身体空間に身を置くことによってはじめて生まれる信頼である。日本の文化的伝統のなかで語られてきた「以心

伝心」や「不立文字」は、後者の信頼の典型として理解することができる。ことばによる情報はなくても、師匠と弟子とは同じ部屋にいて、空間を共有する。配置と履歴を十分に理解している。だからこそ、そこに深い信頼が生じるのである。

　まとめると、情報空間での感性的価値判断の共有には、さまざまな試みが可能であろう。その共有をより確実なものに高めるための手段としてITというものが考えられる。しかし、同時に、感性的価値判断はあくまで身体空間での価値判断である。そこで、情報空間での感性的価値判断の伝達ということと、身体空間での感性的価値判断の共有という事態とを明確に区別し、その役割を十分に認識することが必要である[4]。

(1)　環境政策や国土政策と感性との深いかかわりについては、桑子敏雄『感性の哲学』(NHKブックス、2001年)で論じた。
(2)　感性的価値判断は、経済的な価値判断や宗教的な価値判断ではない。日本の伝統的な文化意識に高度な感性的価値判断がさまざまな形で浸透していることは、「幽玄」「わび」「さび」「あわれ」などを見れば誰でも納得することであるが、これらの感性的な判断がどのような構造をもっているのかを理解するためには、たとえば、九鬼周三の「いきの構造」に類するような分析が必要であろう。「あはれ」については、桑子敏雄『西行の風景』(NHKブックス、1999年)で論じた。
(3)　吉野川可動堰問題のように、環境にかかわる論争がある場合、行政の開示する情報は客観的でクールな情報に終始しているのに対し、環境保護を唱える市民団体のホームページには、環境に対するホットの思いが横溢するという対比がしばしば見られる。この温度差をどうするかということも

重要な課題である。

(4) 本章の内容に関して、共同の研究の場を提供していただいたＮＴＴ生活環境研究所の岸本亨氏と丸尾哲也氏に感謝申し上げたい。

第9章　ミクロなレベルで見た環境

　　　　　　　　　　　　　　　　　　　　　大上　泰弘

第1節　ミクロな視点

　20世紀になり、人類は宇宙から地球を眺めることが可能になった。いく人もの宇宙飛行士は、地球が生命存在そのものであると述べている[1]。また、われわれは、観測衛星を使ってオゾンホール、熱帯雨林の破壊、砂漠化など地球規模のマクロな環境問題を認識することができる。これらを通じて、われわれ人類には地球全体というマクロな視点から、環境問題を「命」の問題として認識することが可能になった。

　マクロな視点も重要なのであるが、生命について語るばあいには、ミクロな視点を欠くことはできない。ミクロな視点から見えてくるものは、生命科学によって描き出されつつある分子レベルの生命像である。

　分子のなかでもとくに生命の基幹物質であるデオキシリボ核酸（DNA）に注目してみよう。分子生物学の発達に伴い、地球上の生命体は基

本的に一つの型に属することが明確に示された。すなわち、地球型生命体はDNAという化学物質を共通の材料として生命活動を行う一つの家族ということである。たとえば、大腸菌にヒトのホルモンを作らせることができるのは、ヒトと大腸菌が遺伝子の読み取りに同じコードを共有する家族だからである。

　遺伝子を操作する技術は、農業ではヒツジやウシなどの家畜、あるいはトウモロコシ、大豆、ジャガイモといった作物の品種を改良するために応用されている。しかし、これらの生物は消費者の欲求から開発されたものではなく、科学技術の応用として国や民間企業が行ってきた研究の成果である。そのためか、生命科学技術は、一般のひとびとには期待とともに不安をもって迎えられている。ひとびとが遺伝子組み換え生物の作製に期待する点としては、農薬を減らした栽培を可能にすること、収量を増加させること、作付けが困難な土地でも収穫できるようにすることなどである。他方、ひとびとが不安に思うのは、遺伝子操作によって約38億年という生命の歴史が一挙に改変されることで、どれほどの影響があるのか計り知れないからである。さらに、操作した遺伝子が開発者たちの意図に反して、化学物質として、種を越えて拡散するといった生態学的汚染に対する不安もある。

　人類が生命に対して及ぼす危機は、遺伝子操作によるものばかりではない。自然豊かに見えるゴルフ場では、除草剤によって雑草が根絶されている。また農業生産に対して「悪い生き物」としての害虫は、殺虫剤によって排除されてきた。自然に見える風景の背後で、化学物質によるミクロな自然破壊が進んでいる。大気や水といった無機的な意味での自然破壊ばかりではなく、内分泌攪乱物質[2]の生殖器官への影響のように、化学物質が無機的環境を介さず直接的に種を根絶させる可能性も出てきた。

　自然を人間と切りはなして捉え、自然さえ守ればよいという考えでは、

環境問題は緩和されない。なぜなら、遺伝子や内分泌攪乱物質という化学物質は自然環境を破壊しているが、これらの物質は人間にとって心地よい社会環境を創造しているからである。重要なことは、自然破壊を自然生態系の問題と見るのではなく、人間社会を含めた生命活動全体として捉えることである。

　環境問題が人間の創造的な活動と不可分な関係にあるという認識に立つばあいには、問題解決が困難であることを認識せざるをえない。なぜなら、生物として生存することと同様に、創造的活動は人間の本質的活動だからである。問題の「解決」ではなく、「緩和」という言葉を用いたのは、環境問題については最終的な解決というものはありえず、提案できるのは解決策というよりも緩和策であることを強調したいからである。

　本章では、環境問題を分子レベルでの命の問題と捉え、自然破壊はマクロレベルだけではなく、ミクロなレベルで化学物質の浸透というかたちで進行していることに注目したい。また、農業、自然開発、都市生活などの人間活動に伴う環境問題をミクロな視点から捉え、環境と生命という区分が本質的な区別ではなく、分子のネットワークという生命像が本質であることを示す。また、このようなミクロな認識が生み出す新しい理念として「ゲノムの尊重」を提案する。

第2節　分子ネットワークとしての生態系

　環境問題を議論するばあい、経済成長は人間社会の問題、環境保全は生物社会の問題として区分され、これらのバランスが問題とされる。本章では、そのような一般的視点に立って、便宜上、地球の生態系を大きく二つの生態系として述べることにする。自然生態系と、もう一つ、自然と切りはなして考えられてきた人間社会、すなわち人間生態系である。

ここにミクロな視点として、化学物質、とくに生体分子を導入することで、二つの生態系が密接に絡み合っていることを導くのが本章の目的である。

1) 農業の問題

人類は、害虫や雑草という農作業に負の影響を及ぼす生物を化学的に制御する方法を導入し、農業を著しく効率化してきた。しかし、合成化学物質による農業の近代化のプロセスで、化学物質が食品のなかへ入りこんでいるという問題に気づくのに時間がかかった。それは、人間の身体は目に見えないミクロな変化にも反応するが、意識は目に見える激変にしか反応しないからである。農薬の生態系への浸透の問題は、1962年に出版されたレイチェル・カーソンの『沈黙の春』[3]で注目された。カーソンが焦点を当てたのは、人間ではなく動物界における変化であった。カーソンは、DDT（p, p'-ジクロロジフェニルトリクロロエタン；殺虫剤）や2, 4-D（2, 4-ジクロロフェノキシ酢酸；除草剤）の生体内残留という新たな公害が動物界で進行していることを示したのである。

農薬の環境への浸透について問われているのは、化学農法による農業の近代化である。化学農法にとどまる限り、問題の緩和策としては化学物質の改変という狭い選択肢しか存在しない。しかし、化学物質の食品への浸透を問題視する声が大きくなるにつれて、農法は化学農法から有機農法へ[4]、あるいはさらに進んで自然農法へと展開している[5]。このような変化に対応する形で、農業の問題点を緩和する技術として、化学的制御から生物的制御（フェロモン、遺伝子操作による制御）へと視点が移っている。代表的な例が遺伝子組み換え食品の作製である。遺伝子組み換え技術を農業へ取り込む大きな目的は、使用する農薬の量を低減させることに加えて、農薬散布作業を減らすことである。これらの目的を実現するために、除草剤、ウイルスあるいは害虫に対して抵抗性を示す品

種を作製するのである[6]。

　遺伝子組み換え作物の代表的な例として、ここでは遺伝子組み換えトウモロコシの一つであるＢＴコーンを取り上げる。ＢＴコーンの開発コンセプトは以下のとおりである。ある種の細菌はトウモロコシにとって害虫となる虫の幼虫を殺す毒素を産生する。この毒素をコードする遺伝子を細菌から単離し、トウモロコシに組み込んでしまえば、害虫駆除のために農薬を使用しなくて済む。このような遺伝子組み換え作物が作製できれば、農薬の環境への浸透という問題を回避できる可能性がある。

　化学物質による農作物の汚染の問題ばかりではなく、近年注目を集めているのは畜産における生物学的汚染（バイオハザード）の問題である。たとえば、毒素を産生する腸管出血性大腸菌O-157、異種間感染性の蛋白質である変異型プリオン、さらに鶏からヒトへ広まるインフルエンザウイルスに関する問題である。異種間感染の特徴は、動物では必ずしも病気を引き起こすとは限らないが、人間に入り込んだときに大きな影響を及ぼすということである。

　O-157は食品を介して広まることから、給食や外食産業の流通過程によって被害が大きくなる。科学技術が対処すべき課題は、まず汚染のルートを突き止め、有効なバイオハザード対策、すなわち発症の予防や治療法を開発することである。一方、社会的課題は、科学的証拠に立脚しO-157のような毒性をもった大腸菌の混入するに至った社会のあり方を問い直し、改革することである。これは経済的側面を重視し、環境への配慮を欠くという倫理観の欠如（モラルハザード）にかかわる問題である。

　変異型プリオンはイギリスにおいて、ウシからヒトへ異種間汚染として広まった分子である。原因は、ウシの成長を促進するために、草食動物であるウシにヒツジの遺体を飼料として与えたという経済行為と考えられている。汚染が拡大したのは、プリオン病（スクレーピー病）で死ん

だヒツジの成分を食べたウシが、変異型プリオン病（半海綿状脳症）を発症し、その死体をウシの資料として循環利用したためと考えられている。したがって、自然生態系ではヒツジにとどまっていた病気を、人間の経済的活動がウシ、そしてヒトへ病原性の分子を拡散させたのである。

　ひとたび病原性プリオンがウシへ入り込むと、これを元の状態へ逆戻りさせるには、すべての感染個体を隔離し焼却処分するしかない。すなわちバイオハザードとしての対策は明確である。しかし、完全に処分することは牛肉産業を完全に失業状態にすることである。したがって、科学技術によって適切な方法が開発されない限り、半海綿状脳症を根絶することは困難である。

　また、現在までに異種間感染でもっとも大きな影響を与えているのがインフルエンザウイルスである。インフルエンザが流行する経路として、鶏に感染したウイルスで変異が起きたのちに、ヒトへ移行する経路が想定されている。香港では新型インフルエンザウイルスが鶏に発生した際に100万羽単位の家禽類をすべて処分するという処置がとられた。これはバイオハザードが社会的な対策として有効に機能した例であろう。しかし、多くの鶏が中国大陸から輸送されてくるといった状況で、広域にわたる規制をどのように設定するかという点は、経済的・政治的問題であり、さらには、大量の鶏を殺すという行為の倫理的問題も残る[7]。

2) 自然開発

　異種間生物汚染というバイオハザードの問題は、畜産業だけで起きているわけではない。人間は居住あるいは経済活動の場を広げるために、辺境の自然を開発しつつある。この開発という行為には思わぬ弊害がある。それは人間生態系にはなかった未知の病原体との遭遇である。病原体としては寄生虫、細菌、ウイルスなどが考えられる。とくに、最近注目されているのが突発的に出現するウイルス（エマージング・ウイルス）で

ある。

　人間がこれまで接触のなかった自然生態系へ侵入すること、あるいは生活環境を改変することで、特定条件下に封じ込められていたウイルスが人間生態系へ侵入する。その代表例がエボラウイルスによって引き起こされるエボラ出血熱とされている。エイズウイルスも20世紀に出現したという意味では、エマージング・ウイルスである。

　ウイルスは生存の必須要件として、共生する宿主を必ずもっている。エボラウイルスの宿主はサルであるが、このウイルスは、サルの体内にいる限りは自己を保存するためにサルを多量に死に至らしめることはない。しかし、ひとたびヒトに移行すると高率に出血をひき起こして死をもたらす。

　ウイルスは共生するばあいは宿主内に潜んでいるが、宿主にストレスがかかると増殖して宿主から脱出しようとする。自然開発という人間の行為によって、これらのウイルスが潜んでいる動物にストレスがかかると、人間へ感染する危険性が高まる。現代では、辺境に侵入しなくとも輸入ペットの飼育がさかんになっており、これに噛まれるなどして異種間感染の危険性が増している。一般的には、ウイルスの危険性はエイズウイルスによって認識された感があるが、エイズウイルスは感染力がきわめて低いので人類存亡という大きな問題にはならないと考えられている。しかし、インフルエンザウイルスのように強力な感染力、エイズウイルスのように高速度の突然変異率、さらにエボラウイルスのような強い毒性を獲得したウイルスが出現したならば、人類存亡という大きな問題につながることは十分に想定できる。自然開発に伴って、通常交じり合うことのないウイルス同志が遭遇するときには、このようなウイルス遺伝子の改変が起きないという保証はない。分子というミクロなレベルの変化が人類の存亡というマクロな現象にかかわる可能性が十分に想定できる。そこで、自然開発を行うばあいには、少なくとも生体高分子の

改変を進化の戦略としているウイルスという存在について十分考慮しなければならない。

3) 都市生活

　自然生態系の特質とは大きく異なり、都市では除臭剤や殺虫剤などの化学物質によって不快な臭いや生物が排除される。たとえば、人間活動の結果として生み出される体臭やごみの臭いである。また、都市生活にとって不快感をもたらすハエ、カやゴキブリは殺虫剤で殺され、水道水は塩素で殺菌処理されている。動物ばかりではなく、雑草は引き抜かれ、落ち葉はゴミとして処理されている。

　排除という行為の一方で追求されているのは、過剰な清潔感である。たとえば、蛍光剤、漂白剤を多量に使用することによって、衣類の見かけ上の白さを実現する。子どものおもちゃや生活用品は、殺菌作用をもつ化学薬品で処理される。あるいは、洗浄型トイレによって肛門は洗浄される[8]。

　現代人は、病原体を生活空間から排除してきたことで、細菌、寄生虫、ウイルスに対する抵抗性を低下させてきた。匂いを繁殖の信号に利用する生物はあるが、体の匂いを洗剤で落としたり香水によって隠す生物はいない。このように、都市化あるいは文明化という行為が行きすぎると、身体を含めた自然への化学物質の浸透が進行する。生態系のダイナミックな活動のなかでは、快と不快、あるいは生と死が共存しているが、人間活動は科学技術によって不快や死を排除することで生態系を狂わせ、ストレスを産み出している。

　化学物質の自然への浸透のなかで、最近とくに注目を集めているのが内分泌攪乱物質の問題である。注目されるようになったのは、『沈黙の春』から35年の時を経て、環境問題を人間と動物の生殖機能の問題として扱ったシーア・コルボーンらの『奪われし未来』[9]という衝撃的な報告

が現れたからである。内分泌攪乱物質の特徴として、生体に対しては毒性は低いものの、世代にわたる影響が出る可能性が指摘されている。内分泌攪乱物質はプラスチックに添加されることで、可塑性や安定性を増し、その有用性を増大させた。農薬が直接的には農作物という自然生態系へ浸透したのに対して、内分泌攪乱物質は食事の際に体内へ取り込まれることで人間生態系へと直接浸透したのである。

　内分泌攪乱物質の問題は、都市生活という便利さを求める人間生態系の特性が強く現れている。ダイオキシンがゴミ焼却場周辺で問題化していることはその典型的な例である。内分泌攪乱物質を大量に廃棄している都市周辺の海で、魚のメス化が進行していることも国内外で報告されている。

　これまで述べてきたように、農業、自然開発、都市生活を化学物質の視点から見ると、生態系に境目がないことがわかる。つまり、人間は生物であるから、基本的には、生態系あるいは生命系という共通の視点から人間を含めた全ての生物を捉えなければならない。人間を他の生物と共通の原理でつなぐことは、長いあいだ困難であったが、分子生物学によって人間も人間以外の生命も同じ地球型生命体であるということが明らかにされた。この視点に立つと、自然生態系と人間生態系を生体分子あるいは化学物質から構成されるネットワークとして包括的に捉えることができる[10]。

　人工的に合成した化学物質およびDNAやタンパク質という生体分子は、自然あるいは人間生態系を問わず循環する。そして、化学物質は緩除な浸透により生物に蓄積し、生物の生存環境を改変してゆく。また、生体分子のばあいは変異しながら異種間を渡り歩く。自然生態系では、個体の死によって生体分子が栄養分子として生態系に還元される。しかし、人間は自分の所属する人間生態系が分子レベルで自然生態系と一つの系であることに無自覚なために、自然生態系に栄養として還元できな

い物質を産み出している。

　多種多量の化学物質を生み出した科学技術、そしてその生態学的問題を認識する能力は、ともに人間の知性に由来する。したがって、環境問題を克服するためには、自然回帰のみを志向するのではなく、科学技術の発展とその社会的制御法の確立が必要である。

第3節　生態系の価値

　これまで人類は、石油や石炭をエネルギー源として用いるなど、近代化する手段として自然生態系の価値に注目してきた。その結果として生態系の攪乱に関する問題が浮上し、1992年の「地球環境サミット」では生物多様性条約が採択された。しかし、地球環境にとって生物の多様性が重要であるといっても、その物質的根拠はわかりにくい。本節では、環境問題を考える際の重要なポイントとして、分子の視点から、生態系の存在としての価値について述べる。すなわち、多様性の物質的根拠とはゲノム[11]である。

　生態系の問題を分子レベルで見てきたように、生物についても分子のレベルから記述してみよう。生物の特性を決めるもっとも重要な分子は、DNAという化学物質である。ウイルス、微生物、植物あるいは動物といった、人間以外にさまざまなDNAの存在様式がある[12]。DNAが生態系を構成する莫大な生物の種類と数を成り立たせている。とくに注目したいのは、ゲノムは、種だけではなく、個体をも成立させる物質であるという点である。このことは、ゲノムが個々の生物を尊重するための基準になりうることを意味する。しかもゲノムを構築するのには約38億年かかっているという歴史性から、ゲノムは存在としての価値を担っているということができる。

生物ばかりでなく、生態系を構成する無機的成分にもゲノムの重要性が刻み込まれている。土を例にとって説明してみよう。水は生体重量の多くを占める生命の基幹物質である。また、陸上生物の生活の場に水を保持するには土が不可欠である。雨を保持するのが土であり、土が水を保持するためには、土が団粒構造[13]をもつことが必要である。この構造が形成されるのは、土のなかに植物の根が張り、無機や有機化合物による化学反応が起き、そこに土壌微生物、寄生虫、ミミズやモグラなどの生物活動が加わるからである。生物の活動とは、分子レベルでは代謝として記述されるが、代謝を担うのは、ＤＮＡがコードする酵素という機能分子とその発現を調節する遺伝子群の総体、すなわちゲノムである。細胞レベルのアプローチにおいて、多様な成分から構成される生命のフィードバックシステムが、攪乱に対する安定性や頑強性の根拠であることが明らかにされつつある[14][15]。代謝は細胞で行われるので、細胞レベルの性質が上位の生命システムである生態系でも成立すると考えることができるであろう。多様な分子の働きを制御するゲノムの働きがあって、土には団粒構造という水分を保持する空間が生まれるのである。土は、無機物と生物が作り出した建造物で、生命と不可分な存在であることがわかる。

　自然生態系の基底には、長大な時間のなかで形成されてきた分子のネットワークが存在する。そしてその本体はゲノムである。ゲノムの産み出す多様性が、生態系の存在の価値としての根拠になる。なぜなら、現在の地球が示している生態系の多様性は、失われれば二度と構築できない唯一の存在だからである。人間を含めて地球上のすべての存在は、ゲノムの歴史的構築過程にかかわっているので、この存在とプロセスこそが、生態系の存在としての価値の物質的根拠である。

　ゲノムを根拠として生態系の存在自体に価値があると考えることは、これまでとは異なる文明の価値構造を構想することになるであろう。な

ぜなら、生態系の唯一性を重視することは、現代の文明で価値があると考えられている要素、すなわち数値的に大きいもの（力や効率）とは相容れない側面をもつからである[16]。たとえば、ゲノムのサイズが大きいからといってヒトが大腸菌よりも価値があるとは考えられない。大きさで判断するならば、両生類にはヒトよりも大きなゲノムをもつものが存在するので、ヒトよりも価値があるものとして扱うべきだということになる。ゲノムを基底とした存在の価値にもとづけば、これらの生命体は同等に尊重されるべきある。また、生物の種類が多い地域が少ない地域よりも価値があると考えることもできない。熱帯雨林、砂漠そして北極は生態系として、同等に存在する価値がある。

　いま述べてきた生態系の存在としての価値は、生命に関する包括的な価値であり、自然生態系に限られた価値ではない。人間の生存は自然生態系を含めた分子ネットワークによって成立しており、人間以外の生物存在は、物質的つながりとしてだけではなく、人間の意識のレベルで不安を補う存在となっている。カーソンの『沈黙の春』が社会的に大きな衝撃を与えた一つの要因として、春に動物たちの鳴き声が聞こえなくなった状況の寂しさ、恐ろしさがひとびとの心に響いたということが考えられる。また、ペットは子どものいない老人にとって、孤独を癒してくれる存在として認知されている。これらのことから、人間以外にも同等の生命体が存在しているということそれ自体を認識することが、人間の心理の安定性に寄与することがわかる。この認識では他の生命体を利用しているのではなく、ただ共存しているだけの関係性であるから、手段としての価値とは区別できる存在の価値といえる。

　人間生態系にとっても、ヒトゲノムは存在としての価値の根拠である。ただし、その発現形態は自然生態系のばあいとは、多少異なっていることを指摘しておきたい。人間生態系を構成するヒトは、生物種としてはHomo sapiens という一種のみから構成されており、ゲノムとしての多

様性はかなり小さい[17]。ヒトとは対照的に、ゲノムの多様性をもっとも呈しているのが昆虫であり、全動物種の70％以上（約100万種類）を占め、さまざまな環境に生息している。昆虫のゲノムには、種々の環境変化に対して適応可能な制御機構が存在している。実際に、さまざまな地球環境の変化を乗り越えて、約4億年という時間を生き抜いているのである。

　また、都市を構成するビル、道路などの成分は自然生態系にくらべると著しく単調である。したがって、人間生態系を物質的観点から見ても、特徴的な価値は出てこない。では、人間の産み出す情報という点から見るとどうだろうか。人間生態系には、多様な構造と機能（形状、大きさ、速度そして行動のパターン）がつくり出されている。これが文化であり、文化はゲノムと同様に多様であることから、精神という次元に安心、安定がもたらされている。分子のレベルで見た生態系の価値がゲノムの多様性によって支持されたように、人間生態系を構成する精神活動には多様性があり、自然生態系と同様な価値を構成していると考えられる。

第4節　ゲノムの尊重という理念

　すべての生物は生態系の原則に従って、分子レベルで正確に反応している。環境を汚染する物質は、人間が無視したとしても次第に身体に浸透し、有害な影響を与える。分子レベルで環境を見ると、自然と人間社会という二つの生態系を通底する分子ネットワークという生命像が現れてくる。そして、それを支えているのがゲノムという物質である。本節では、急速に発展する科学技術を適切に制御するための理念について述べる。

　身のまわりに存在する花、木、蜂、鳥、犬と、われわれを構成しているＤＮＡが同じものであり、同じ地球に生きている家族であるというこ

とに思いをはせよう。家族に危害を加えないという意識は、生命を尊重するうえでもっとも自然な倫理原則を産み出す。化学物質が生態系に浸透してゲノムと相互作用するばあいに、このようなゲノムを中心とした分子レベルの倫理観をもつことが、具体的な行為の基準になるのである。ここから、「ゲノムの尊重」という理念が生まれる。この理念から、ゲノムを技術開発のための手段としてのみ利用するのではなく、歴史的存在として、また人類の仲間として尊重するという姿勢が求められてくる。ゲノムは人類、生物界全体に通底する非常に大きな存在であり、これを人類の目先の利益のみによって破壊する行為は非難されるべきである。

　しかしながら、この視点はゲノムの利用を禁止しているわけではない。なぜなら、尊重することと利用しないことは同じではないからである。地球上にさまざまなゲノムが分布しているのは、ゲノムが変化してきたからである。ゲノムは絶対不変ではなく、変化してきた存在である。その変化にはきわめて長大な時間がかかっており、絶滅という出来事も存在した。このような変化を全面的に否定することは、人間を含めた生物の弱体化につながるであろう。

　たとえば、エイズやポリオウイルスによって引き起こされる伝染病に関しては、地球上からウイルスを排除するという戦略は困難を極めている。たしかに、天然痘ウイルスでは成功したといわれているが、このことは地球上から天然痘ウイルスを全滅させたことを意味せず、たんにヒトでの発症例がなくなったということである。ゲノムの尊重という理念に立てば、特定のゲノムを根絶するという考え方には倫理的問題がある。われわれのなすべきは、病気の発症を制御することであって、特定のゲノムを根絶することではない。ウイルスも、他の生命体と相互作用しながら生態系を構成する一員だからである。たとえ病原性ウイルスであっても地球上における分子ネットワークを形成する一員として許容するという考えに立つべきである。ゲノムは単独で存在することはなく、ネッ

トワークという連続性のなかで存在し、機能していることを認識しなければならない。ゲノムの進化にウイルスがかかわっているとすれば、ウイルスの排除は進化への介入でもあり、思わぬところで生態学的あるいは進化上の問題を招く可能性すらある。たとえば、環境が激変し、エマージングウイルスによる病気が人間生態系に広がり、ヒトゲノムの急速な改変が引き起こされる結果、ヒトが新たな環境へ適応していく可能も考えられるのである。

　同じことが、ヒトのゲノムのなかに存在する遺伝子にも当てはまる。効率的な生き方をするためには改変した方がよいと思われる疾患遺伝子であっても、意外な機能をもっている可能性がある。たとえば、鎌形赤血球症である。これはヘモグロビン遺伝子の変異で起きる遺伝病であり、貧血症状を呈するが、患者は貧血という不利益を受ける一方で、マラリアに対する抵抗性をもっているのである。ゲノムの尊重という視点からは、開発行為による辺境への侵入と個人の遺伝子改変は同様な問題と捉えることができる。ともに、ゲノムへ干渉する行為であり、ゲノムの環境を一定速度以上に変えないことが重要なのである。

(1)　立花隆『宇宙からの帰還』中公文庫、1985年。
(2)　生物の内分泌系を乱す化学物質の総称。毒性用量よりも微量で女性ホルモン、あるいは男性ホルモン拮抗作用を示す。いずれの働きも、雄の雌化を促進することになる。たとえば、ダイオキシン、ジエチルスチルベステロール（DES；家畜の成長促進剤として用いられた合成女性ホルモン剤）、ポリクロロビフェニル化合物（PCB；電気器具を絶縁するのに用いられ

た)、ＤＤＴ、ビスフェノールＡ、ノニルフェノールなどである。

　　ダイオキシンは内分泌攪乱物質のなかでは例外的に積極的に使用されてこなかった。しかし、塩素系化合物を焼却する際に発生するので、工場という特殊な場所に限らず、一般社会で広く発生する機会があるために注目されている。ダイオキシンの内分泌攪乱物質としての作用は低濃度で作用する点で急性毒性とは区別される。

(3)　レイチェル・カーソン『沈黙の春』青木梁一訳、新潮文庫、1974年。
　　＊原著は1962年出版。
(4)　John P. Reganold, Jerry D. Glover, Preston K. Andrews and Herbert R. Hinman "Sustainability of three apple production system" *Nature*, Vol.410, 2001, pp.926–930.
(5)　福岡正信『無(Ⅲ)自然農法』春秋社、1985年。
(6)　『別冊 日経サイエンス』126、1999年、64-72頁。
(7)　David Cyanoski "Outbreak of chicken flu rattles Hong Kong" *Nature*, Vol. 412, 2001, p.261.
(8)　藤田紘一郎『清潔はビョーキだ』朝日新聞社、1999年。
(9)　シーア・コルボーン、ダイアン・ダマノスキ、ジョン・ピーターソン・マイヤーズ『奪われし未来』長尾力訳、翔泳社、1997年。
(10)　物質的あるいは意識レベルで生命のネットワークの価値を主張したのが南方熊楠である。この思想的視点は、第3章を参照のこと。
(11)　ゲノムとは、生物が生命活動を維持するために必要な最低限のＤＮＡのセットのことである(ウイルスではＲＮＡのばあいもある)。ゲノムは、機能性分子をコードする遺伝子や、その発現を調節するプロモーター、エンハンサーあるいはサイレンサーという領域、そして機能が不明なスペーサー領域などから構成される。ＤＮＡのなかで容易に手段として利用できる部分が遺伝子である。したがって、生物を構成するのが遺伝子とはいえないのであって、生物の特性はゲノムとして記述される。
(12)　分子レベルから記述するばあい、ウイルスも生命に含まれる。ただし、ウイルスのなかには、その遺伝的性質をＲＮＡによって保存するものがいる。しかし、それらがＤＮＡを遺伝物質とする生物のなかに入って増殖す

るばあい、他の生命と同様にＤＮＡの複製コードを使用する。よって、ＲＮＡウイルスもＤＮＡを根幹とする生命として統一的に表現してもその本質は損なわれない。
(13) 団粒構造とは、土の粒が入れ子になった構造であり、単粒構造にくらべて空隙率がきわめて大きい。この空隙に水が保持される。コンクリートにはこれがないので、水が保持されないばかりではなく、素早く流れ去る。
(14) 北野宏明「システムバイオロジー序説　第2回フィードバック理論」『細胞工学』Vol. 19、No. 2、2000年、322-328頁。
(15) 金子邦彦「複雑系生命科学の構築に向けて(2)」『パリティ』Vol. 15、No. 2、2000年、4-13頁。
(16) この点は、第7章で検討している「風土」の価値と共通している。
(17) 生物学の分類において、種とは生殖的に隔離されている集合体である。人類は人種として外見上は多様化しているように見えるが、どの人種とも生殖が可能であり、集団として隔離されていないので単一の種となる。地球上にどの位の種が存在するかは不明である(確認されているのは、約150万種類)。

第10章　環境問題と新しい倫理の視点

大上　泰弘

第1節　問題緩和策のポイント

　遺伝子組み換え食品は、科学技術の夢を開花させたが、米国を除いて、多くの国々の消費者が遺伝子組み換え食品の受け入れに慎重な姿勢を示している。遺伝子組み換え食品のもつ潜在的危険性が社会的に取り上げられたからである。たとえば、遺伝子組み換えトウモロコシの花粉が付着した葉を食べたチョウの幼虫の死亡率が高まったという報告[1]、あるいは、遺伝子組み換えジャガイモを与えられたラットの腸管の解剖学的構造が変化したとの報告がある[2]。これらの報告は社会的には大きな問題となったが、その後の科学界における議論を追っていくと、結論を導くには十分なデータがそろっていないことがわかる[3]。しかし、一般社会には、こうした科学的解釈ではなく、新聞などで報道された潜在的危険性のみがイメージとして広まっている。

環境問題の緩和策についてのポイントは、以下に述べる二つの課題を混同せずに取り組むことである。第一の課題は、問題の原因となる物質を特定し、その影響に関する科学的データに基づいた対策を立てることである。第二の課題は、化学物質の浸透に気づきながらも対処できない社会あるいは文明に対して制御するための理念と制度を構築することである。これまで人類は、問題が顕在化したときに対処してきたのであるが、内分泌攪乱物質のばあいは、そのような対応では遅いという懸念がある。なぜなら、内分泌攪乱物質の影響が科学的に証明されたときには、ヒトや動物の生殖機能が不可逆的に損傷を受けてしまい、対策が取れなくなっている可能性があるからである。

本章では、第9章で述べたゲノムの尊重という視点から、遺伝子操作を基盤とする生命科学技術は、運用に配慮するという条件のもとで、食料や医療問題に展望を開くだけでなく、環境問題の緩和にも寄与することができるということを示したい。そうすることで、環境問題の緩和策として役立てるために取るべきポイントとして、専門家の産み出す技術、および専門家と非専門家の構成する社会制度について提案する。

第2節　科学技術の制御

まず、環境問題の緩和策に関するポイントのうち、科学技術の制御について産業との関連で具体的に検討しよう。環境問題にかかわる科学技術は、ゲノムの尊重という理念のもとに構築される生態学的科学技術でなければならない。以下では、この生態学的科学技術を確立し、またその技術を制御するためのポイントとして、生態学的知識と技術の拡充、遺伝子資源の活用、化学物質の製造停止について述べる。

1) 生態学的知識・技術の拡充

『沈黙の春』が書かれた1950年代は、環境を改変しようという明確な意図のもとに化学物質が多量に使われた。現在では、微量で生殖機能に影響を与える内分泌攪乱物質が注目されている[4]。内分泌攪乱物質は環境を改変しようという意図のもとに使用されていないが、ここにＤＤＴにおける問題との質的差異がある。多くのばあい、内分泌攪乱物質は、まず分子レベルで長期間持続的に作用すると、形態レベルでオスをメス化し、種の存続に影響を与える。問題が個体のレベルにとどまらず、世代間にわたるのが内分泌攪乱物質の特徴である。したがって、影響を強く受けるのは世代期間の短い動物である。この点で、自然生態系の動物に起きている現象が大きな意味をもっていることを認識しなければならない。

人間が生態系に放出した内分泌攪乱物質のうち、脂溶性合成化学物質であるＰＣＢ[5]がホッキョクグマの脂肪から検出された[6]。この事実から、ＰＣＢは、食物連鎖を経ることで生態系の頂点では初期濃度の数十億倍に濃縮されると推定されている。ヒトはホッキョクグマのように食物連鎖の頂点に位置しているので、ＰＣＢが生体濃縮された動物の肉を摂取すれば、同様に化学物質を濃縮することになる。さらに、資源の有効利用を考え、食べ残した肉類を堆肥化処理し、土へ返すと内分泌攪乱物質の生体濃縮が進行する可能性がある。資源と同時に化学物質もリサイクルされることを忘れてはならない。化学物質の使用頻度が低かった時代では、世代間に及ぶ影響や生体濃縮について気にせず薄めて土や海、そして空に廃棄すればよかったのであるが、現代ではさまざまな化学物質が生態系へ浸透しており、これまでにない時空間スケールで生態系への影響を予測する技術が必要である。現代文明の基礎のひとつに化学工業を挙げることができるが、化学の知識や技術は、生物反応への理解・

配慮に乏しかったために種々の環境問題を生み出した。このことは、生態学的科学技術は、化学ではなく生態学の知識・技術を優先的に用いて制御すべきだということを示している。

　農業の近代化は、化学物質の大量使用による地力低下、土壌流出、土壌汚染という重大な問題を引き起こした。栽培の方法論としても、単一種栽培は収量の点で効率的であるとされてきたが、病害を受けやすいという問題をかかえている。この点については、大規模な野外実験によってイネを単一種栽培するよりも複数種栽培する方が収量増加、ならびに病害の減少という点で有効であることが証明された[7]。この結果は、原始的農法が化学物質の使用を減らし、遺伝的多様性を守る生態学的農業であることを示すデータとして注目すべきである。農業を原始化させるのではなく、科学技術が原始的農法のなかに見いだした生態学的知識や技術をこれからの農業のなかに取り込むことが課題である。

　人間活動のなかでもっともエネルギー消費に寄与しているのが、化石燃料の消費である。化石燃料は生態学的エネルギーであるが、問題は利用の速度である。化石燃料の消費速度を制御するか、石油に代わる生態学的エネルギー源の研究開発を行うことが、生態学的科学技術の至上命題である。たとえば、過去に生息していた植物の遺骸によって形成された石油や石炭ではなく、現在生きている植物（とくに木）をエネルギー源として使用する方策が考えられる。石油による発電という利用形態には、エネルギー効率の点で問題がある。生きている植物を利用するばあいには、その燃焼効率を上げる技術開発と、燃焼で発生する熱を効率的に利用するインフラを整備する必要がある。現存の植物を利用するのであるから、植物を利用するために植樹がなされるし、燃やして残る灰も肥料として再利用できることが生態学的技術である。炭酸ガスという公害の発生については石油と同様であるが、植樹を行うので石油の利用にくらべて生態学的デメリットは小さいだろう。また、炭酸ガスや硫酸の除去

に植物や微生物を利用することもできる。機械と異なり植物は自律的に生育するので、補修の必要性がなくコストパフォーマンスが高い。このように生態学的技術は、これまでの科学技術とは異なり、分子ネットワークの視点を基底とし、物質とエネルギーの循環を最優先課題とする。

辺境に生息する生物の機能は、生産活動ばかりではなく環境問題の解決にも活用できる。なぜなら、環境が汚染された地域も辺境も通常の環境から逸脱しているという共通点があるからである。化学物質に汚染された環境を、生物の力を利用して浄化させる技術のことを、バイオレメディエーションと呼んでいる。たとえば、油や化学物質に汚染された海や土、あるいは燐や窒素（たとえば、アミノ酸、アンモニア、亜硝酸、硝酸）により富栄養化した水、さらにはオキシダント、ディーゼル粒子などの排気ガスで汚染された空気を、微生物や植物の力で回復させるのである。

生ゴミ、家畜の糞尿、下水汚泥などの有機廃棄物は、廃棄方法の工夫のみならず、資源化と結びつけて考える必要がある。たとえば、炭水化物を発酵させてエネルギー物資（エタノールやメタン）を生産するといった研究開発である。有機廃棄物とは異なり、プラスチックに代表される石油化学工業で作られた廃棄物は、自然生態系のサイクルに入らないとされている。しかし、微生物のなかには、環境への浸透で注目されている内分泌攪乱物質を分解するものが見つかっている[8]。さらに、微生物が分解できるような化学構造を有するプラスチック（生分解性プラスチック）をつくる研究も進んでいる。生分解性プラスチックの製造過程で使われる化石燃料の量、そしてそれを燃やすことで生じる炭酸ガスの問題を回避する技術の開発が課題である[9][10]。現代文明のエネルギー源として注目されている原子力発電は、炭酸ガスという面ではクリーンであるが、放射性廃棄物処理の問題が残っている。これについても、高い放射能に曝される極限環境に生息可能な微生物の探索が期待される。このように、生態学的科学技術は生物の特性を十分に活用することによって、

化学物質の環境への浸透を抑制するのである。

2) 遺伝子資源の活用

　人類の活動のなかで、生物の活動を最大限に利用するのは農業である。農業は自然農法から有機農法へ、さらに化学農法へと近代化してきた。近代化に伴って、生産の場は自然生態系から人間生態系へと移行しつつある。最近では農業を工場で行う構想もある。

　近代化によって実現された価値としては、糖度の増加や見た目のきれいさなどが、労働条件では、コストはかかるが省力化が挙げられる。一方、失われた価値は、作物の栄養の量とバランスが、自然環境については地力が挙げられる。畜産でも遺伝子組み換え技術の応用によって、育種からクローニングへと生物の性質改良を効率化してきた。農業の近代化は、短期的な効率を経済的価値として重視する帰結として、化学物質の浸透という問題を生み出したのである。

　生物活動の根源にゲノムがあることから、化学農法の先に遺伝子組み換え農法を位置づけることができる。遺伝子資源を活用して産み出される遺伝子組み換え生物はいかなる価値をもつのだろうか。遺伝子組み換え生物の価値は、第一に、農業における化学物質の使用量を減らすことができるということである。たとえば、害虫抵抗性や除草剤抵抗性を付与することにより農薬が生物や土壌へ蓄積することを抑えることができる。第二の価値は、遺伝子組み換え作物が、将来の食糧不足を緩和するかもしれないということである。たとえば、さまざまな生物のゲノムを解析することによって、塩害に強い作物や、寒冷地あるいは高地などで栽培可能な作物の作製も可能になる。

　遺伝子資源の宝庫として、辺境が注目されている。辺境とは、これまで人間が住むには適さないとして避けてきた地域、たとえば極地、乾燥地、湿地、熱帯雨林、高温水域、深海である。実際に、高温環境に生息

する細菌の酵素は生物学のみならず、医療で活用されているし、極度のアルカリ性の環境下で生育可能な細菌に由来する酵素は、洗剤として商品化されている。製薬業では、多様な環境に適応した生物によって産生される生理活性物質を薬物の探索源として利用している。病気という体内環境は辺境に似た異常環境なので、辺境の生物がもつ遺伝子産物が有効性を示す。このことから、体内も体外もミクロな視点からは同様な系を構築していることがわかる。

　人類は有用性の高い動植物の性質を保持したり、よりよいものに改変するために、長い年月をかけて品種改良（育種）という技術を発達させてきた。これに対して、現代の遺伝子組み換え技術は、生殖細胞のDNAに手を加えることで、その効率を飛躍的に高めたのである。分子レベルで両者を比較すると、育種は染色体改変技術、遺伝子組み換えは染色体の一部である遺伝子のみを操作する技術ということができる。育種は染色体レベルの改変であり、たくさんの遺伝子を一度に交換するので、一見すると遺伝子組み換えよりも危険性が高いように見える。しかし、大きく隔たった種間では染色体が不適合を起こし、子孫が生まれないという種の壁があるために危険性は低い。一方、遺伝子を組み込むばあいは、染色体全体への影響が少ないためか、無理にでも外来の遺伝子を入れることができるために、逆に危険性が高いともいえる。科学技術が生態学的科学技術であるためには、個体レベルの問題のみに着目して効率を議論してはならない。種をゲノムのレベルで評価できる知識と技術をもつことが必要である。

　遺伝子組み換え生物の第三の利点は、健康状態を改善する食品あるいは医薬品の生産である。たとえば、種々の感染症あるいは自己免疫疾患に対する食物ワクチン[11]、あるいはビタミンA強化米などが途上国の医療に貢献できるであろう[12][13]。農業における植物生産のみならず、畜産、水産業といった動物を利用する分野でも同様の研究が進んでいる。遺伝

子の生態系への拡散という未知の問題について十分な配慮のもとに、これらの利点を実現することが遺伝子組み換え技術を生態学的技術として利用する際の課題である。

3) 化学物質の製造停止

　生態学的科学技術の活動によっても環境破壊の進行が抑制できない状況では、遺伝子を含めた化学物質の製造停止という厳しい措置が必要である。先進国には、実際に自然環境へ深刻な影響を与える特定化学物質の製造を停止している例がある。たとえば、ＤＤＴやクロロフルオロカーボン（フロン）[14]である。ＤＤＴが動物への毒性のゆえに使用が中止されたのに対して、フロンの使用停止の理由はまったく異なる。フロンは生体への毒性がないため理想的化学物質として大量に生産され使用された。しかし、使用後に大気中へ放出され、オゾン層を破壊することによって宇宙からの紫外線を遮蔽できなくなった。その結果、紫外線がＤＮＡの突然変異を起こすことで皮膚癌誘発の危険性が高まっている。フロンは自然環境へ徐々に浸透してはじめて、生体へ問題を引き起こすことが明示されたのである。この点でフロンは生態学的科学技術の重要性を認識するのに有用な例といえる。

　ただし、特定の科学技術の利用を禁止するという厳しい措置をとる際には、十分な注意が必要である。特定の科学技術を全否定することは、将来生じるかもしれない問題への対策を放棄する可能性を含んでいるからである。科学技術を適切に制御することなしに、人類社会の健全な発展は望めないとして、ＥＵは遺伝子組み換え食品の規制に取り組む姿勢を見せている[15]。ＥＵの方針に見られるように、できる限り時間をかけて安全性を確認することは、生態系と科学技術の関係を考えるばあいのポイントである。時間をかけるということは、少なくとも潜在的危険性を示唆する実験事実があれば、被害の予防側に立つ[16]。厳しく規制され

るべきは、環境負荷型産業に見られる従来型の思考と実践の形態である。

第3節　科学技術をめぐる価値構造

　科学技術にかかわる価値を考察する際には、科学技術がめざすべき方向を示す理念、そして理念を実現する制度、さらに個々人の価値判断というダイナミックな価値構造に注目しなければならない。本節では、第1節で述べた環境問題の緩和策について論じる。

　現在用いられている化学物質の種類と量は非常にに多く、考察しなければならない物質間の相互作用は無数に想定できる。さらにきわめて低い濃度で作用する物質が見いだされたために、生態系に起きている異常の原因究明は困難を極めている。つまり、問題とされる物質について対処しているだけでは、生態系への影響が評価できないのである。合成化学物質ばかりではなく、生態系における遺伝子攪乱の問題もある。たとえば、帰化生物や遺伝子組み換え生物の環境への影響に関する問題である。帰化生物の問題は、生物が増えているという意味での問題ではなく、生物種の多様性を減じているという点が問題である。

　動植物の輸出入と人間の移動が、生物の急速かつ広範な移動を起こしている。生態系における遺伝子攪乱が国際的問題となったため、遺伝子組み換え生物の輸出入に関しての国際的ルールとして、2000年1月にバイオセーフティー議定書が採択された。しかし、この取り決めが有効に機能しているとは限らない。現実に、入っていないはずの遺伝子組み換えトウモロコシやジャガイモの混入した食品が流通するという問題が日本で起きている。

　また、産業活動のみならず、最近では趣味が生態系攪乱を引き起こす例が増えてきている。輸入したペットが何らかの理由で不要になったと

きに、捨てられることがあるが、それが帰化生物の問題を引き起こしている。また、釣りを楽しむために外国産の魚を積極的に放流する例まである。強い生物が繁殖し、広がるという進化の原則を変える必要はない。しかし、そこに人間が介在し自然生態系の変化速度を大きく変えているとすれば系の安定性に問題が生じる。たとえ生物（ゲノム）が変化する系であっても、その速度は決定的に重要なのである。このことが示しているのは、経済的豊かさのみならず趣味のレベルでの快適さをいかにして制御するかという問題である。

以上の例が示しているのは、科学技術自体というよりも、食品産業やその制度の策定にかかわるひとびと、さらには生態学的影響のある趣味をもつひとびとの価値意識と大きくかかわっているということである。したがって、問題緩和のためには、文明のレベルでの新たな価値を構成する理念と制度が必要である。新たな価値構造のもとでは問題の性質が変わる。したがって、明確化した問題への対処だけではなく、状況の転換に伴って出現する潜在的問題をいかに回避するかを含めて新しい価値の理解が必要である。

環境問題における価値理念としてのゲノムの尊重理念を実現するためには、ゲノムの利用の程度と問題への対応の速度に関する制度、さらには個々人がもつべき価値判断の基準が必要となる。

第4節　ゲノムの尊重に立脚した制度

1）生態学的科学技術にかかわる政策

生物学の実験室でいかに優れたモデル系を構築したとしても、そこから生態系の振る舞いを予測することは難しい。一方、野外調査では条件

が均一化できず理論構築のために有効なデータを得ることが困難である。多成分が複雑に絡み合う巨大な生態系は、初期条件の見積もりによって長期的な振る舞いがまったく異なるというカオス的性質をもつからである[18]。このような複雑系としての環境問題を研究するためには、環境条件を制御できる大型の閉鎖型生態系実験施設が必須である[19]。アメリカのコロンビア大学付属の研究施設である「バイオスフェア 2」では、1.27ヘクタールの面積に海、川、砂漠、熱帯雨林など4,000種類あまりの動植物が運び込まれ、人工的な気温、湿度、風、波の制御のもとで大気中の炭酸ガスの影響に関する実験が行われている。このようなモデル系を用いれば、無害とされている化学物質、内分泌攪乱物質、放射性物質、遺伝子組み換え生物などの生態系に対する影響が定量的に評価できるであろう。地域あるいは地球規模で環境の問題がますます重要になることを考えると、このような実験施設は国際機構の協力のもとで世界の各所に建設するべきである。

　生態学的科学技術の一つである遺伝子組み換え技術の開発を推進するためには、人工ゲノムが生態系へ拡散して問題を引き起こしたときに、それを特異的に除去することを可能にする技術(遺伝子バイオレメディエーション)が必要である。たとえば、交配して次世代をできないようにするゲノム、あるいは特定化学物質によって細胞毒性を発現するようなゲノムを作製することが考えられる。安全性を保証するためには、社会レベルの制度に加えて、科学技術のレベルでも正と負の制御を可能にしなければならない。

　われわれは、高度経済成長期にさまざまな公害を経験してきた。過去の経験に照らすならば、科学技術の運用を科学技術者や企業だけにまかせておくべきではない。科学技術の専門家以外の一般人を含めた社会として制度を策定すべきである。制度の形骸化を防ぐためには、制度をチェックするシステムが必要である。そのためには、科学技術の行使がも

たらす生態系への影響を競合的に評価するアセスメントを提案したい（競合的生態系アセスメント）。競合的という意味は、人間生態系と自然生態系という意味以外に、各生態系に与える影響のプラス面とマイナス面について独立させるということである。一つのアセスメントでは多様な価値判断を保証できないからである。また、限られた価値判断のもとでは生態系が置かれている多様な条件も見逃されてしまう危険性がある。競合的に実施することのほかに、事前と事後に評価を行い、意思決定を社会の動向に見合った形に修正するシステムにしなければならない。

2）データ共有のための制度

　環境に影響を与える産業活動の意思決定は、独自にではなく社会的合意のもとで行う必要がある。そのためには、意思決定に用いる実験データの客観性を保証する制度が必要である。たとえば、遺伝子組み換え食品の安全性については、開発企業の出したデータに対する不信感が払拭できないので、第三者機関が責任をもって試験を実施するような制度をつくらなければならない。試験を実施するコストは、利益を受ける消費者のみならず、開発する企業も負担すべきである。さらに、試験の責任主体を明確化するために、試験実施者の署名入りでデータを公開する制度も必要である。ただし、試験データの公開が企業の権利を侵害しないように注意しなければならない。

　インターネット上には、遺伝子組み換え技術のリスクを訴える情報が目につく。わたしは、これを客観的な情報を提示したうえで説明を行わない科学技術者への不信の表れと考える。データの公開だけでは社会としての意思決定にはならない。データの公開と同様に重要なことは、公開説明会という場で科学技術者が、その専門性にもとづいて実験結果を一般消費者へ説明することである。これまでの専門家は専門家に対して語ってきたが、これからは、一般社会に対して語ることを専門家の責任

にすべきである。わたしは、一般人への説明と議論という過程を経てはじめて、ゲノムの尊重という理念は、科学技術者と一般人との間で共有されていくと考える。

3) 教育制度

　日本では、遺伝子組み換え作物の商品化をめざしてきたすべてのメーカーが、当面、商品化を見送る方針を示した[20]。企業はその理由を、「開発しても消費者の遺伝子組み換え食品の安全性に対する不安が大きく、市場に受け入れられないし、開発していることで企業イメージも悪くなる」としている。遺伝子組み換え作物のＤＮＡは、加工食品のなかに微量に混入していても検出できる。ひとたび検出されると、その潜在的危険性がマスコミで大きく報道される。このような事態は、データの共有の問題以外に、科学技術に関する報道の姿勢や情報を受け取る一般人の情報理解能力の問題でもある。これについては個人にまかせるのではなく、社会として教育制度を整備する必要がある。とくに、生命科学技術に関する価値判断を行うためのＤＮＡリテラシーに関する教育は重要である[21][22]。

　遺伝子組み換え生物の製造や取り引きに関する規制は、世界的に広まっている。しかし、見落としてはならないのは、加工や流通の業者ではなく、それを実際に栽培する農業従事者の行為に関する規制の問題である。試験データがいくら安全性を保障したとしても、それを適正に理解し使用することがなければ有用なものも有害になってしまう。農業従事者は労力を節約したいという基本的欲求をもっているので、安易に試験データどおりの栽培方法をとらない可能性がある。たとえば、混ぜてはならない品種を混ぜて保管したり、安全性の高い農薬を多量にまいてしまう可能性である。またバナナワクチンが食品と混同される可能性もある。これらの危険性を回避するためには、自らの行為が分子ネットワー

クにいかに干渉するかについて理解できるように、きちんと教育を行う必要がある。

第5節　価値判断の基準

　ゲノムの尊重という理念は、環境問題を考える際に個々人の価値判断に対してどのような基準を要求するのだろうか。環境問題の本質は、遺伝子を含めた化学物質などの分子にある。したがって、環境ならびに生命についての価値判断をするばあいには、生体分子レベルにまで配慮した倫理をもたざるをえない。環境や生命にかかわる科学技術者は実験を行うばかりではなく、分子レベルの専門家として、ゲノムを中心とした倫理を確立する責務がある。

　近代文明の発展の判断基準として重視されている「効率」について考えてみると、経済では生産効率という価値判断の基準として用いられている。しかし、これは環境への負荷を計算から除外した効率であるために、人間生態系における効率にほかならない。たとえば、農薬の効果は一過的な効率化に寄与しても、長期的な地力の低下や、化学的汚染が引き起こす問題の緩和にかかるコストは計算されていない。農業の近代化ではたしかに見かけ上の効率を上げることはできた[23][24]。これからは、効率という概念自体を否定するのではなく「生態学的効率」をもつべきである。そのためには、人間生態系で追究されてきた見かけ上の「効率」という概念を、ゲノムの尊重という理念のもとで再考する必要がある。

　新たな文明社会においては、生命科学を基幹とする生態学的科学技術が、環境、食糧、医療、あるいはエネルギーに関する問題に有用性を発揮することが期待できる。その前提となるのが、ゲノムの尊重という理念にもとづく価値判断である。

(1) John E. Losey, et al. "Transgenic pollen harms monarch larvae" *Nature*, Vol. 399, 1999, p.214.

(2) Stanley W. B. Ewen, et al. "Effects of diets containing genetically modified potatoes expressing Galanthus nivalis lectin on rat small intestine" *Lancet*, Vol. 354, 1999, p.1353.

(3) 編集部「遺伝子組みかえ食品は安全か？」『ニュートン』2000年5月号、66-68、77-79頁。

(4) シーア・コルボーン、ダイアン・ダマノスキ、ジョン・ピーターソン・マイヤーズ『奪われし未来』長尾力訳、翔泳社、1997年。

(5) ＰＣＢは1929年に開発された安定な不燃性化合物である。可燃性のオイルに変わる物質として注目され変圧器の冷却剤、潤滑剤などさまざまな用途に使われた。開発当時には内分泌攪乱作用という危険性を確認できなかった。

(6) コルボーン、ダマノスキ、マイヤーズ、前掲訳書。

(7) Youyong Zhu, et al. "Genetic diversity and disease control in rice" *Nature*, Vol. 406, 2000, pp.718–722.

(8) 藤井克彦他「内分泌攪乱物質ノニフェノールを分解する細菌」『化学と生物』Vo.39、No.1、2000年、63–70頁。

(9) Ｔ．Ｕ．ガーングロス他「植物性プラスティックは本当に環境にやさしいのか」『日経サイエンス』2000年11月号、32-39頁。

(10) 村上仁一他「微細藻類によるCO_2固定」『バイオサイエンスとインダストリー』Vol.57、No.7、1999年、460–463頁。

(11) ワクチンの成分をコードする遺伝子を食物のゲノムのなかに組み込んだもの。現在開発されているものとしてバナナワクチンがある。

(12) Maris P. Apse, et al. "Salt Tolerance Conferred by Overexpression of Vacuolar Na$^+$/H$^+$ Antiport in Arabidopsis" *Science*, Vol.285, 1999, pp.1256-1258.

(13) Ｗ．Ｈ．Ｒ．ラングリッジ「注射のいらない食物ワクチン」『日経サイエンス』2000年12月号、56-65頁。

(14) フロンは生物に対して無毒であることに加えて、不燃性、非爆発性、安定、さらに金属の腐食性がないなど工業的に使用するうえで好ましい性質

をもっている。実際には、洗浄剤、クーラーや冷蔵庫の冷媒、エアロゾルの噴霧剤、消火剤などに多量に使用された。

(15) 『バイオ世紀の生命観』朝日新聞社、1999年、23-41頁。
(16) サイエンティフィック・アメリカン編集部「特集 遺伝子組み換え食品の安全性」『日経サイエンス』2001年7月号、38-53頁。
(17) 立花隆『文明の逆説』講談社文庫、1984年。
(18) Steven M. Sait, at el. "Invasion sequence affects predator-pray dynamics in a muti-species interaction" *Nature*, Vol. 405, 2000, pp.448-450.
(19) 新田慶治「閉鎖生態系の概要」『電子情報通信学会誌』Vol.82、No.9、1999年、933-937頁。
(20)「遺伝子組み換え作物国内6社食品化先送り」『朝日新聞』2000年5月3日。
(21) ロジャー・ルイン著、斉藤成也監訳「DNAから見た生物進化」『別冊日経サイエンス』122、1998年。
(22) 日経サイエンス編集部「遺伝子技術が変える世界」『別冊日経サイエンス』126、1999年。
(23) John P. Reganold, et al. "Sustainability of three apple production systems" Cold Spring Harbor Laboratory (Dolan DNA Learning Center); http://www.cshl.org
(24) *Nature*, Vol. 410, 2001, pp.926-930.
(26) 福岡正信『無(Ⅲ)自然農法』春秋社、1985年。

あとがきに代えて
――21世紀の価値構造を展望する――

桑子　敏雄

　「価値構造」をキーワードとする本書は、20世紀に至る過程で行われた国土空間の再編とそれに関係する環境の問題を中心に、現在わたしたちが直面する価値の問題について論じたものである。

　「環境と国土の価値構造」というタイトルで本書をまとめることができるようになった背景には、本書の執筆メンバーが「価値構造」の概念を長く厳しい討議のプロセスのなかで彫琢してきたといういきさつがある。と同時に、本書の執筆者たちは、この概念の理解を深めるための討議と平行して、それぞれのテーマについて研究を進めてきた。本書は、このような二つの過程を総合したものである。

　あとがきに代えて、ここでは、本書全体の根底にある問題意識を総括し、これからわたしたちが立ち向かうべき21世紀の価値構造を展望してみることで、本書が明らかにしようとした三つの点、すなわち、「問題

群の連続的生成の認識とそれに立ち向かう態勢の必要性」、「価値判断の価値判断」「理念、制度、行為、政策の総合的把握」をまとめてみたいと思う。

問題群の連続的生成の認識とそれに立ち向かう態勢の必要性

　第一に、本書の性格について示しておかなければならない。本書は、国土政策や環境政策に関して、具体的な解決を与えたり、問題解決の手法を示したりするものではない。むしろ本書の課題は、問題に対する取り組み方と態勢について考察するものである。この点は、本書で論じられているテーマによって示されるであろう。たとえば、千田智子は、明治政府の国土政策の特質を「廃絶と保存の論理」として明らかにしたが、ここで示されたのは、日本的なものを評価する価値判断とそれを保存しようとする意思決定には、それとは裏腹に廃絶のプロセスが組み込まれているということである。つまり、ある価値判断を肯定するときには、それと対立したり矛盾したりする判断が排除され、さらにはその排除そのものが隠蔽される過程が存在するということである。言い換えれば、ある問題解決は、その裏に新たな問題の発生を促すのであって、わたしたちが歴史のうえで対応しなければならないのは、そのような問題群のダイナミックな生成だということである。

　本書が「価値構造」という概念で明らかにしようとしたことは、問題の発生と解決、その解決によって生みだされる新たな問題の発生というプロセスをダイナミックに捉え、そしてそのような問題の生成に対応するための態勢ないし枠組みの必要性を明らかにすることであった。本書で提案したかったのは、一つの問題によってかえって生産されることになる新たな問題群に目を向けるための方法論であるといってもよい。

たとえば、ある国土政策において公害が解決すべき緊急の課題であったとしよう。わたしたちは、この問題に環境の整備という形で対処しようとするかもしれない。環境整備のひとつの手段として「緑化」といった目標が立てられる。しかし、この問題解決の選択によって排除される選択肢があり、またこのスローガンによって隠蔽される現状というものがある。このことが意味するのは、一つの目標を掲げることによって、あるいは一つの問題解決の手段を採択することで、否定されてしまう考え方や態度が存在するということである。

　否定される選択肢に目を向け直し、あるいは隠蔽される価値の存在意義を確認することは、ともすれば相対主義的な発想に陥りやすい。しかし、「価値構造」のスタンスをとることは、けっして相対主義的な発想や価値多元的な発想に安住することを意味するのではない。すなわち、複数の目的を掲げて、それぞれを並列的に評価する態度決定ではない。そのような価値の多様性を認めるだけであったり、掲げられた複数の目的を無批判に共存させたりするのではない。そうではなく、多様性や変化に対する対応の仕組みをつくることである。多様な価値が認められれば、それらの価値のあいだにプライオリティをつけることになる。これは、問題の発生の連関全体を捉えるということである。

　いま述べたようなダイナミックな価値構造の態勢をとることで、「問題解決」の裏にひそむ問題点を多角的に捉えることができる。問題は、解決されることによって解消されたと考えるべきではなく、新たな形態をもって出現するものと想定すべきである。当の問題の周囲や背後から新たな問題がつぎつぎに発生するのである。つまり、問題解決の安心にひたっていてはいけないのである。

　したがって、「価値構造」の態勢をとるということは、問題が解消されたと思いこむことではなく、問題は極小化されたと考えることである。問題を消滅させてしまうことではなく、問題を極小化することが大切な

のである。この認識によってつぎに発生するかもしれない問題群へとつねに警戒の目を向けることができる。

　問題の連続性への認識を柔軟に備えるためには、問題観察の視点を十分に意識化する必要がある。その視点は、ダイナミックな総合性であり、多様な問題を柔軟に受け入れるための態勢に組み込まれる枠組みの多様性、多面性であり、観察する視点の多元性である。

　たとえば、「国土の均衡ある発展」のスローガンに見られるように、国土事業の問題点を一元的に把握し、それにもとづいて総合的な政策を進めることによって陥る問題点については、本書で緒方三郎が示したところである。問題解決の意思決定を進めるうえで、一元的な視点をとり、またそれに固執することは、問題発生のダイナミズムを見失う危険性をもつ。なぜなら、一元的な視点は、問題群が相互に反応しあって新たな問題を生みだすプロセスから目を逸らすのである。問題発生のダイナミズムに対応しようとするインセンティブが働かないからである。重要な点は、「問題解決のために目的を明確化することは、思考の柔軟性、解決方法の多様性を喪失する必要がある」ということであり、問題解決のための目的の明確化という、それ自体としては評価できる項目に対して懐疑的な態度をとることを要請している。これは、本書が全編を通じて示そうとした根本的なテーゼである。

　「多元的な視点から問題の連続的発生に対応する態勢をとるべきこと」は、本書を構成する各論文の背後にある主張である。千田智子は、これを「廃絶と保存の論理」というキーワードで、緒方三郎は、「国土の均衡ある発展」のスローガンがもつ問題点として、真田純子は「緑化」ということばのもつ幻想として、さらには、桑子敏雄は「感性的価値判断」の問題として、大上泰弘は「環境問題における分子的視点」から論じたが、これらのさまざまな視点は、国土行政や環境行政によって解決され、また生みだされる問題群に多元的に対応するための態勢の枠組みを与えるも

のである。そこには、空間的視点だけでなく、時間的な視点も導入されていることにも注意する必要がある。時間的な視点を導入するということは、伝統的なもの、歴史的なものに対する配慮を問題の本質理解や解決手段に組み込むことを意味する。

わたしたちが論じようとした国土と環境の価値構造という問題群では、一つひとつの問題は、解決を試みる人間から離れて存在するのではなく、つねに解決そのものが解決者自身にフィードバックされる。そしてもし解決が新たな問題の生起を促すとすれば、その新しい問題も人間自身に向かってくるのである。環境汚染を解決するために開発されたフロンがふたたびオゾン層を破壊し、その結果が人間自身にふりかかってきたということも、このような問題生起の典型的な例として挙げることができるであろう。繰り返すが、問題は離れた対象としてあるのではなく、そのなかで価値判断し、合意形成し、また意思決定する主体をつねに巻き込んでいる。

問題を人間自身から離れたものとして捉える傾向は、いまわたしたちの手にしている学問体系が、問題の生起をそのようなものとして対象化する機能をその本質に含んでいるからである。このことは、わたしたちの直面する問題とそのなかにいる人間とのかかわりを、人文系、社会系、理工系といった学問区分が「境界」に押しやってしまったことからも明らかである。ようやく20世紀末になって、環境の問題を取り扱うための「境界領域」とか「新領域」とかいった学問分野の必要性が叫ばれている。人間にとって中心的な問題である環境の問題がこうした領域ではじめて議論されるようになっているという点に、これまでの科学技術とそれを支える学問体系の本質が露呈されていると考えることができる。

問題発生の連続性という視点がこれまでに重視されなかったのは、科学的方法のもつ分析性に由来する点もあった。科学技術とその外にあるものとのつながりの認識に諸学問の目が向かわなかったのである。科学

はものごとを分析的に明らかにすることをめざしてきた。その科学は大学やアカデミズムのなかで制度化されて、意思決定する人間の態勢をしばりつけている。大学やアカデミズムは、企業が外的な環境の変動に敏感に反応するのとは異なり、確立された組織のなかで自己変革のインセンティブをもちにくい。だから、さまざまな科学技術は、その領分で最大限の力を発揮してはいるものの、分野間のつながりを説明できないというジレンマを背負い込んでしまった。環境の問題がこれほどまでに重大な状況を生みだしたのは、「つながり」を見る能力の欠落もそのひとつの要因であったろう。

以上のように、科学研究によって区分されてしまった領域をつなぐことが、問題把握の視点にとってきわめて重要な点だということがわかる。本書は、大学および大学院修士課程で「地理学」「経済学」「社会工学」「生命科学」を学んだメンバーが、東京工業大学大学院社会理工学研究科価値システム専攻において、環境と国土に関する多様な問題に、「価値構造」の態勢を「つなぎ」として、問題群の捉え方そのものについて格闘した成果である。本書が論じようとしたそれぞれに問題については、まだまだ不十分な論述も多い。しかし、本書が明らかにしようとした第一の点は、問題群の連続的生成の認識とそれに立ち向かう態勢の必要性ということである。

価値判断の価値判断

本書は、問題の発生とその解決というダイナミズムを国土政策の哲学という視点から描いたものであるということができる。では、「制度と政策の哲学」がどうして必要なのだろうか。その理由は、「価値判断の価値判断」が必要だからである。たとえば、「環境が悪くなるから道路はつ

くるな」「経済発展のためにダムは必要だ」といった価値判断が、そもそもどのような価値にもとづいて主張されているのかを評価しなければ、表層的な価値の調整で終わってしまう。ある事業に対してどのような立場をとるか、つまりどのような価値判断をとるかというレベルで議論していると、価値判断と価値判断の対立を解決するといった課題に、表層的な利害関係の調整で終わってしまうからである。

　もう一つの例で言えば、「オオタカの巣を守れ」という主張は、額面通りにオオタカの巣を守るべきだという価値判断の問題ではなく、オオタカが生息できるような環境を守れというという主張として理解しなければならないであろう。さらに、どうして「オオタカが生息できるような環境を守るべきなのか」という問いが必要であろう。このとき、この問いの解答となるような価値について、本当に正当化し、また擁護すべき価値であるのかという判断が求められる。これが「価値判断の価値判断」である。

　問題解決が価値判断のあいだを調整することだけで行われるとすれば、その問題の背後に隠れている問題が隠蔽される可能性がある。

　上の点をもう一度、本書第2章での千田智子の考察を手がかりにして考えてみよう。千田は、国土政策における「廃絶と保存の論理」を明らかにした。神仏分離および神社合祀という宗教のあり方にかかわる国家政策は、同時に、国土の空間的再編と切り離しては論じることができない。神社の合祀は、無数の小さな祠とその背後の鎮守の森を破壊し、日本の自然環境に大きな変化をもたらした。このことが意味しているのは、それ以前の歴史において日本の伝統的宗教が自然環境の保全に深くかかわっていたという事実である。環境の問題と宗教の問題とは直接に関係があったということは、これからの環境政策を考えるときに見逃すことのできない論点である。

　千田が示したのは、宗教政策が環境の激変をもたらしたという点であ

り、明治政府の推進する仏教寺院「廃絶」は、その補償の論理として「保存」を伴っていたということである。日本的なものの保存は、千田によれば、その背後に「日本的とされなかった」日本的なものの廃絶を伴っていた。この逆説的な事態は、わたしたちが環境を保全しようとするときに、いったいどのような対象を考えているのかということについて反省を迫るものである。伝統的な町並み保全ということであまりに厳密なガイドラインが示されると、そこでの生活はひどく窮屈になってしまうし、たとえば、白川郷のように世界遺産に指定されることによって大量の観光客がなだれこみ、そこで暮らすひとびとの日常生活が継続しえなくなってしまうということも起こるのである。これは「保存」をめざしながら、それとは裏腹に大きな「廃絶」をも伴っていることを意味している。

　環境問題では、手つかずの自然をそのまま保存するべきか、それとも人間が適切な管理をしながら保全すべきかというような議論がしばしば行われる。このとき、「保全」か「保存」かといった二者択一の議論がなされることも多い。しかし、「保全」にしろ「保存」にしろ、その背後にどのようなプロセスを伴いうるのかということをきちんと評価しない限り、保存の裏で失われるものの大きさに、後から驚愕することにもなりかねないのである。保存と保全の論理が含むものについて十分な配慮が必要であることを千田の議論は示している。

　要するに、表層的な価値判断の提示のレベルで解決がはかられると、その決定には失われてしまう価値が隠れているということがあるということである。このような認識にもとづくならば、たとえば「オオタカを守るべきである」「まちなみを保存すべきである」といった価値判断に対する価値判断を下すことの重要性が認識されるであろう。「価値判断の価値判断」こそ、問題群の生成に対して柔軟に対応する態勢のもつべき基本的な枠組みである。

　本書が明らかにしようとしたのは、このような「価値判断の価値判断

の必要性」であり、「価値判断の価値判断のための基本的枠組みの提示」の試みである。

　「価値判断の価値判断」が着目するのは、すでに述べた理念と制度、そのなかに属する個人の選択する価値判断、そしてそれによって引き起こされる行政政策である。これを「ホンネ」と「タテマエ」という表現で説明してみよう。強調したいのは、タテマエの重要性である。行政行為でいえば、タテマエは行政の理念である。タテマエをきちんと主張することは重要なことであるが、タテマエはタテマエであり、しばしばホンネとは何の関係もないことになっているか、あるいは、ひどいことにタテマエがホンネの隠蔽装置として働くこともしばしば見受けられる。重要なのは、タテマエとホンネをつなぐ説明である。どうして、そのような行政理念が立てられているのか、そしてそれは実行可能な行政行為とどのような仕組みで繋がっているのか、それを説明できることが重要だということである。

　理念形成も一つの価値判断であり、価値形成であろう。タテマエ的価値判断と言ってもよい。しかし、じっさいに行われる行政行為は、ホンネにもとづいているかもしれない。この二つの価値判断はきちんと結びつけられているだろうか。理想と現実はうまく架橋されているだろうか。理想論は理想論だけで終わっていないだろうか。絵に描いた餅のままではないだろうか。餅が絵に描かれたままなのは、大きな問題である。理念が形成され立てられることは、問題解決への一歩前進ではあっても、実現への努力がなされないとすれば、理念はじっさいには理念に反する行為の隠蔽の装置として働くからである。

　「理念は絵に描いた餅に止まっている」という判断は、「価値判断の価値判断」であり、理念を実現するためには何をなすべきかを示すのも「価値判断の価値判断」であろう。理念や制度、個人の意思決定について語ることは、このような意味で「価値判断の価値判断」である。

以上のことは重要なことを意味している。「価値判断の価値判断」は、けっして「価値判断の分析」や「価値判断の構造理解」ということではないということである。わたしたちが行おうとしたのは、「緑化すべきだ」「保存すべきだ」という価値判断に対して、それがじつは重大な損失を意味しているという趣旨で、あるいは、逆の価値を隠蔽しているという意味で、批判されるべきものだということである。このことを行うのが「価値判断の価値判断」である。

　合意形成もまたこのような「価値判断の価値判断」を必要とするであろう。国の行政のもつ価値判断と地域住民の価値判断とがぶつかり合うとき、双方の立場の根底に潜む価値を探り出し、それぞれをつきあわせ、対立を解決するための、あるいは対立を極小化するための方向を示すという作業には、それぞれの価値判断に対して価値判断を行うプロセスが要請されるからである。

　「価値判断の価値判断」は、理念形成や行政的意思決定のあいだの対立を構造化し、特定の解決策の採用によって排除されてしまう価値にも配慮して、目的の固定化を回避するための方策を示す。それは問題と問題とをつなぎ、価値と価値とをつなぎ、ホンネとタテマエをつなぐ役割を果たすであろう。

　以上のような視点に立って考えるとき、たんなる多元的な価値の並記である相対主義と決別することができる。現れくる諸問題に対してプライオリティーを示すことができるからである。対立する価値判断の選択の場面でも、理念と行為をつなげる価値判断が存在すればこそ、複数の問題解決案のなかにプライオリティーをつけることが可能になる。

　本書が明らかにしようと試みたのは、21世紀の価値構造には「価値判断の価値判断の態勢が必要である」ということであり、この態勢のもつ枠組みがどのようなものであるべきかということである。

　本書が到達した第二の地点は、この「価値判断の価値判断」という点に

集約できるであろう。

理念・制度・行為・政策の総合的評価

　価値判断の価値判断ということが成立するということは、価値判断のあいだに対立が存在するということである。対立現象の根底に潜む価値につねに目を向けなければならないということは、表層的な解決によって安心してはならないということを意味している。

　たとえば、掲げられた理念は行為の根拠とされる。行為のインパクトはその理念によって装飾されるから、行為と理念のかかわりをきちんと問うことが必要である。

　行為者が自分の行為を正当化するとき、理念は重要な役割を果たす。それはいわゆる悪い意味での「大義名分」を与えるのである。しかし、その名分の擁立によって隠されるものがある。あるいは、表層的に現象していないもの、目に見えないものは明文化されにくいということもある。

　理念と制度はしばしば分離している。そこで、理念と制度をどうつなぐかということが重要である。では、たんなる自己弁護の道具としての理念ではなく、行為の正当な理由を説明するものとしての理念と制度、そして行為、政策をつなぐものは何か。

　理念、制度、行為の関係を、「制度が行為を理念に結びつける」と表現するとき、あるいは、行為が理念に制度を通じてどのように結びついているのかを問おうとするときには、理念、制度、行為とそれぞれの連関を総合的に評価することが必要となる。すなわち、そこに価値判断が生じる。この価値判断は、理念に含まれる価値判断、制度形成に含まれる価値判断、意思決定と行為の選択に含まれる価値判断の三者の関係を統合的に評価する。言い換えれば、それらの価値判断に対して総合的に価

値判断を下すのである。わたしたちが提案する「価値構造」は、ダイナミックに連関するこれらの理念、制度、行為、政策に対する評価の態勢である。

　価値構造の統合的な把握では、理念形成の意義と問題点も重要な課題である。「価値判断の価値判断」は理念のなかに表明されている価値判断だけでなく、その判断の採用によって排除されている価値判断や隠蔽されている価値判断、あるいは、表明された価値判断の根底に隠れた価値判断を探り出し、それらのつながりを見いだし、もっとふさわしい表明の仕方があればそれを提案する。

　制度内の判断が行政的判断に結びつきながら、掲げられた理念に反するものとなるときや、理念そのものが旧くなってしまって、制度を取り囲む状況の変動に対応できないときには、制度内価値判断に対する価値判断が必然的に引き起こされる。この価値判断は、当然のことながら、理念に対する批判的な傾向を生じるであろう。同時に、旧い理念に代わる新しい理念の形成を促す。つまり、「価値判断の価値判断」は、新しい理念形成のための哲学を与えるものであり、あるいは、理念形成に対する倫理的な動機を与えるものである。ここで「倫理的動機」というのは、個人の行為の内的な規範を意識的に形成しようというインセンティブである。

　倫理的動機の発生は、理念と制度をめぐる外的な状況のなかに生じるさまざまな要因によって促される。このような事情を説明したのが本書での大上泰弘によるゲノムの存在についての議論である。人間の個体を基準としていた世界観から生体分子をベースとして人間と環境を捉える視点が大きな力を獲得しつつある。このような科学技術の変化は、理念や制度に対する価値判断の拠り所に根本的な変更を迫ることになる。近代西洋型の個体倫理の破綻する状況が予想されるなかで、わたしたちはどのようなスタンスをとるべきなのだろうか。このような問題意識は、

生命科学が生命倫理の発達を促したように、また環境問題が環境倫理の進展を促進したように、わたしたちの直面する現代社会の問題にかかわる価値判断に対して、新しい地点に立って新しい価値判断を下すように要求している。

　したがって、価値判断の価値判断は、たとえば、今世紀初めに英米で起こった分析哲学のように、価値判断の論理的構造を分析したり、あるいはその言語的機能を分析したりするようなものとはその性格を根本的に異にするものである。価値判断に対する価値判断は、ほんとうに価値判断するのであり、この価値判断は、社会的変動のなかでさまざまなひとびとが取る立場にもとづいて表明される判断からやや離れた地点からであるが、同時に、その価値判断が行われるのと同じ環境を共有して行われるのである。さきほどのオオタカの例で言えば、「オオタカの営巣地は守るべきであるという価値判断は、オオタカの生息するような生態系は守るべきであるという判断としてみるならば、十分に正当化できる」というような判断を下すわけである。オオタカに対する立場の表明の根底には、自然環境や社会のあり方に対する価値判断や利害関心が潜んでいる。そのような価値判断間の関係を探り出し、隠れていた見えない価値を見えるようにしたうえで価値どうしの連関をつけ、プライオリティーを明らかにして、評価するということが必要なのである。

　とくに理念にもとづく行政的行為については、いま述べたような「価値判断の価値判断」が求められるであろう。では、この価値判断の価値判断は誰が行うのであろうか。オオタカや生態について、あるいは建設事業のアセスメントについては、当該事業にかかわる専門家やそれを評価する学識経験者がコメントを述べるであろう。しかし、これはまだ事業にかかわる価値判断である。価値判断の価値判断はけっしてこれらの事業者や学識経験者の専門とするわけではない。むしろ、理念や制度、個人の意思決定などを総合的に判断する専門家はいないのである。価値

判断の価値判断は、ある意味で、その理念や制度、あるいはそれにもとづいた行為や政策に関心と利害を有するすべての関係者によって行われるべきであろう。理念と制度と行為がうまく連携しているかどうかは、行政組織や組織に属する行為者の関心というよりもそのような行政行為の恩恵を受け、あるいは、失敗した行為によって損害を被るひとびとの関心の対象だからである。

そこで、「環境と国土の価値構造」という問題は、「環境と国土の価値判断の価値判断」という問題へと進展することが示される。行政と市民とがともにこの判断に携わるとき、いま行われている価値判断に対する称賛と非難が新しい理念と制度の準備をするのである。

まとめ

以上、本書で展開した問題意識を三つの点からまとめてみた。「問題群の連続的生成の認識とそれに立ち向かう態勢の必要性」「価値判断の価値判断」「理念・制度・行為・政策の総合的評価」という三点である。これらが国土と環境を問ううえでめざすべきポイントである。この三点が21世紀のいわば行政行為の哲学・行政行為の倫理を与えることになるであろう。

本書を構成する各章のうちにいくつかは、すでに論集や学会誌に発表したものであるが、「価値構造」をキーワードにして全体を統一するために、書き直してある。初出とタイトルを挙げる。

第1章　方法としての価値構造
　「価値構造の研究と国土再編の哲学」「明治政府の宗教政策と国土空間再編の論理」千葉大学編『生命・環境・科学技術倫理研究』IV (1999年)、1-11頁

第2章　国土再編における「廃絶」と「保存」の論理
　「明治政府の宗教政策と国土空間再編の論理」千葉大学編『生命・環境・科学技術倫理研究』V (2000年)、238-248頁

第3章　自然保護の思想と実践
　書き下ろし

第4章　「国土の均衡ある発展」の理念
　書き下ろし

第5章　都市政策と緑化幻想
　書き下ろし

第6章　風景の多元的価値解釈の枠組み
　「エッセイにみる都市解釈の枠組みに関する研究」都市計画学会『平成11年度都市計画論文集』No.39 (1999年)、391-396頁

第7章　環境行政と風土
　「風土に接近する環境行政」千葉大学編『生命・環境・科学技術倫理研究』V (2000年)、227-237頁

第8章　環境情報と感性的価値判断
　「情報空間と感性的価値判断」『情報処理学会研究報告』Vol.2001, No.44 (2001年)、57-64頁

第9章　ミクロなレベルで見た環境
　書き下ろし

第10章　環境問題と新しい倫理の視点
　書き下ろし

　　　　2002年2月

索 引

※（　）内は補足説明または追加語句、
　〔　〕内は類似の別表現である。

〔ア〕

ＩＴ革命	135
アカデミズム	194
握手	151
「あたたかい」	141
アリストテレス	26,137
亜硫酸ガス	98

〔イ〕

「生きている」	16
石川栄耀	87
意思決定	4
以心伝心	151
遺伝子組み換え（作物、食品、生物）	
	136,158,159,173,181,185
――技術	12,138,178-180,183,184
意味づけ	108
イメージアビリティ	105,110,111
隠蔽	98,99
――装置	6,84

〔ウ〕

ウィルス	158,160-162,164,168,169
内と外	140
うるおい	8
――のある（生活）	140,142,144,146

〔エ〕

ＳＥＡ	129-131
ＮＴＴ生活環境研究所	138
絵はがき	150

〔オ〕

応用倫理	iv
オオタカ	195,201
オゾン層	180,193
思い入れ	139

〔カ〕

外的な変動要因	4
概念の枠組み	106
開発プロジェクト	70
科学技術	11
科学技術倫理	iv
カーソン，レイチェル	158,166
価値基準	3,4
価値構造	3,4,8,11,181,182,190
――の研究	15
方法としての――	12
価値体系	23
価値にかかわる信念	16
価値の衝突	15
価値判断	3,18,141,142
――と意思決定	iv

価値判断の価値判断	190,194,195,197-199,201
価値理念	3
過密化	90,94
環境	4,12
——アセスメント	128,129
——影響評価	129
——行政	123,125,127
——情報	135
——政策	iii,12,190
——問題	144
環境基本法	126
環境庁	94,123
環境倫理	iv,21,25
——学	25
感情的	140
緩衝緑地	96
感性的価値	150
感性的価値判断	8,135,138,139,145-147,150-152
——の共有	144,147,150,152
感性的経験	142
関東大震災	84
緩和	157,158,174

〔キ〕

企業	183,184,194
規則	21
規範	21
客観的	140
境界	193
——領域	193
極小化	191
近代都市計画	83

〔ク〕

空間	139
——体験	8
——の共有	145
——の近代化	47
空地	90
熊野古道	53
熊野三山	53
グリーンベルト	85,89
グローバル	iii

〔ケ〕

「景」	115
「景観」と「風景」	108,109,117
経済効率	28
経済優先	71,81
KJ法	118
ゲノム	8,157,164-169,174,178,179,182,183,185,186
原理	21

〔コ〕

合意形成	8,144
——プロセス	151
行為的推論	16
公園緑地協会	85
公害	93,94
公害対策基本法	125
工場公園	96
工場緑地	85,86,96,97
行動指針	26
幸福	17,23
港湾緑化	101
国土空間	iii
——再編	5,76
国土政策	iii,7,12,70,190
国土総合開発計画	27
国土総合開発審議会	77
国土の均衡ある発展	6,67,70,71,81,192
古社寺保存法	40-43

国家神道〔制〕	31,52
個別性〔的〕	142,143
コンセンサス	138,139

〔サ〕

「さわやか(さ)」	142,143,145
山紫水明	28
三全総→第三次全国総合開発計画	

〔シ〕

時間と空間の共有	146
自己了解	73
自然環境保全法	125
自然生態系	157,160,161,163-167,175,177,178,182,184
自然保護	51,56
——運動	51
——思想	5,51
史跡名勝天然記念物保存法	44,46
思想と実践	51,52,56,64
持続可能な開発〔発展〕	24,130
実空間	151
島地黙雷	33
社会システム	3
社会的合意	14
社会理工学研究科（東京工業大学）	iii
宗教政策	31,40
自由空地	85
主観的	140
主観と客観	140,142
情報	4,12,136,137
——科学技術	19
——技術	137
——共有	138
——共有システム	138
——空間	135,151,152
——交流	138
——システム	147

情報倫理	21
所得倍増計画	96
神社合祀〔整理〕	32,35-37,46,47,52-54,58
——反対運動	53,54,58,63
——反対論〔意見〕	55,57,63
神社制限図	37
——法	38
——様式	38
神社整理→神社合祀	
神社中心主義	35,43,44,46
新神社創建	32
深層的価値	20,21,27,28
身体感覚	60,61,64
身体空間	151,152
身体性→身体感覚	
身体的自己	144
身体的存在	147
身体的配置	147
神道的教化政策	31
神道非宗教論	33,34
神仏習合	33,37
神仏判然令	33
神仏分離	32

〔ス〕

水系主義	78,79
「ずれ」（景観の魅力の）	106,120
スローガン	7

〔セ〕

政教分離	33
生態学的科学技術	174,176,177,179,180,182,186
制度化のプロセス	4
制度規範	4
生と死	13
——の中間	14

制度的制約	17	着眼点	113, 115
制度的枠組み	9	〔ツ〕	
制度と政策の哲学	194	使い捨て文化	23
生物学的汚染→バイオハザード		「つめたい」	141
生命	4, 12	〔テ〕	
——科学	4, 8	DNA	155, 156, 163-165, 167, 179, 180, 185
——科学技術	19		
——操作技術	19	定住構想	77-80
生命倫理	iv, 21, 25	定住性	79
西洋近代	140	——の喪失	78, 79
善	17	帝都復興計画	84
全国総合開発計画〔全総〕	6, 67, 72, 73, 81, 96	デオキシリボ核酸→DNA	
		哲学	3, 24
第三次——〔三全総〕	68, 77, 78, 80	テーブル	151
戦災復興計画	86-88	〔ト〕	
全総→全国総合開発計画		動機づけ	21
戦略的環境アセスメント→SEA		東京オリンピック大会	91
〔ソ〕		東京緑地計画協議会	85
相対主義	191	都市景観デザイン	7, 106
〔タ〕		都市公園	90, 91
大学	194	「都市公園等」	100
大気浄化	98	都市政策	6
大量消費、大量廃棄	25	都市美	87, 88, 91, 92
タウンウォッチング	111	都市緑化	83, 84, 89, 92, 102
タテマエ	197, 198	ドッジライン	88
多様性	191	土木事業	28, 81
〔チ〕		〔ナ〕	
地域間格差	70, 71	内的自己	143
地球温暖化	20	内分泌攪乱物質	126, 156, 163, 174, 175, 177
知識	135, 136		
——活用	136	内面性〔的〕	142, 143
——人	135, 136	〔ニ〕	
知的資源	26		
地方性の喪失	68		
地方の多様性	77	「日本」	5, 39, 42, 43, 45

――という単位	39, 43, 45
日本建築	36, 37
日本的なもの→「日本」	
人間生態系	157, 160, 161, 163, 164-167, 169, 178, 184, 186

〔ネ〕

熱意	139

〔ノ〕

脳死臓器移植	15

〔ハ〕

バイオハザード	159, 160
廃絶と保存	31, 32, 47
――の論理	5, 47, 190
配置	142, 143
配置と履歴	143, 146, 147, 150, 152
白砂青松	28

〔ヒ〕

「秘密儀」	59-62
表層的価値	20, 21, 27, 28
――判断	196
琵琶湖	138, 146-148, 150

〔フ〕

風景	61-63
――の魅力	7
――の要素の多様性	117
風土	20, 68, 73-75, 82, 131
――性	8, 68, 74, 75, 124, 132
――的価値	124
――的視点	68
――的体験	7
プライオリティー	198
プラトン	23, 137
不立文字	152

「ふれる」	141
文化建設国家	87
文化財行政	31
文化的感性判断	140
文化的衝突	17
分子ネットワーク	157, 167, 168, 177, 185
文法	13
文脈(都市景観表現の)	107, 110, 111

〔ヘ〕

平和的文化的国家	88

〔ホ〕

防空	86
保存	39, 43, 45-47
ホンネ	197, 198

〔マ〕

曼陀羅	61, 62

〔ミ〕

「緑」	100, 102
緑とオープンスペース	99, 100
南方熊楠	5, 47, 51-64
身の丈	7, 127, 128

〔メ〕

明治維新	31, 32

〔モ〕

モデル定住圏	80, 81
問題解決	190-192
問題群の連続的生成、問題発生の連続性→問題の連続性	
問題の連続性	190, 192, 193
問題発生	192

〔ヤ〕

「やすらぎ〔ぐ〕」	8, 140
柳田国男	54

〔ユ〕

有害物質管理	126
豊かさ	23

〔リ〕

リサイクル	23
理念	197
理念、制度、行為、政策	199, 200
緑化	191
——協定	101
——幻想	6, 83
——の義務化	101
緑地計画	85, 86, 88
緑地帯	86-88
緑地地域	86
緑地保全	100
履歴	142, 143
倫理学	3, 22
倫理規範	21
倫理思想	26, 27
倫理的価値	20, 21, 26
倫理的動機	200

〔ル〕

ルール	8

〔ロ〕

ローカル	iii

〔ワ〕

和辻哲郎	73

執筆者一覧

桑子　敏雄（東京工業大学大学院社会理工学研究科教授）
　　……はじめに、序章、第1章、第8章、あとがきに代えて

千田　智子（お茶の水女子大学生活環境学部非常勤講師）
　　……第2章、第3章

緒方　三郎（財団法人未来工学研究所主任研究員・東京工業大学大学院社会理工学研究科博士課程）
　　……第4章、第7章

真田　純子（東京工業大学大学院社会理工学研究科博士課程）
　　……第5章、第6章

大上　泰弘（帝人株式会社生物医学総合研究所・東京工業大学大学院社会理工学研究科博士課程）
　　……第9章、第10章

編者紹介

桑子 敏雄（くわこ としお）

東京工業大学大学院社会理工学研究科教授、博士（文学）。
1951年群馬県生まれ。東京大学大学院人文科学研究科哲学専修博士課程修了。

主要著書

『エネルゲイア―アリストテレス哲学の創造―』（東京大学出版会、1993年）、『気相の哲学』（新曜社、1996年）、『空間と身体―新しい哲学への出発（たびだち）―』（東信堂、1998年）、『西行の風景』（NHKブックス、1999年）、『環境の哲学―日本の思想を現代に活かす―』（講談社学術文庫、1999年）、『感性の哲学』（NHKブックス、2001年）、『新しい哲学の冒険』（上）（下）（日本放送出版協会、2001・2002年）。

環境と国土の価値構造

2002年2月20日　初版　第1刷発行　　　　　　　　　　　〔検印省略〕

＊定価はカバーに表示してあります

編者 © 桑子敏雄／発行者　下田勝司　　　　　　印刷・製本　中央精版印刷

東京都文京区向丘1-20-6　　振替00110-6-37828
〒113-0023　TEL（03）3818-5521　FAX（03）3818-5514
　　　　　　E-Mail　tk203444@fsinet.or.jp

発行所　株式会社 東信堂

Published by TOSHINDO PUBLISHING C O., LTD.
1-20-6, Mukougaoka, Bunkyo-ku, Tokyo, 113-0023, Japan

ISBN4-88713-426-6　 ©3010　￥3500E

― 東信堂 ―

責任という原理―科学技術文明のための倫理学の試み―「心身問題から『責任という原理』へ」	H・ヨナス 加藤尚武監訳	四八〇〇円
主観性の復権	H・ヨナス 宇佐美・滝口訳	二〇〇〇円
哲学・世紀末における回顧と展望	H・ヨナス 尾形敬次訳	八二六円
バイオエシックス入門〔第三版〕	今井道夫・香川知晶編	二三八一円
思想史のなかのエルンスト・マッハ―科学と哲学のあいだ―	今井道夫	三八〇〇円
今問い直す 脳死と臓器移植〔第二版〕	澤田愛子	二〇〇〇円
キリスト教からみた生命と死の医療倫理	浜口吉隆	二三八一円
空間と身体―新しい哲学への出発	桑子敏雄	二五〇〇円
環境と国土の価値構造	桑子敏雄編	三五〇〇円
洞察＝想像力―知の解放とポストモダンの教育	D・スローン 市村尚久監訳	三八〇〇円
ダンテ研究Ⅰ Vita Nuova 構造と引用	浦 一章	七五七三円
ルネサンスの知の饗宴〔ルネサンス叢書1〕	佐藤三夫編	四四六六円
ヒューマニスト・ペトラルカ〔ルネサンス叢書2〕―ヒューマニズムとプラトン主義	佐藤三夫	四八〇〇円
東西ルネサンスの邂逅〔ルネサンス叢書3〕―南蛮と補儒氏の歴史的世界を求めて	根占献一	三六〇〇円
原因・原理・一者について〔ジョルダーノ・ブルーノ著作集・3巻〕	加藤守通訳	三二〇〇円
情念の哲学	伊藤昭宏編	三二〇〇円
愛の思想史〔新版〕	伊藤勝彦編	二〇〇〇円
荒野にサフランの花ひらく〈続・愛の思想史〉	伊藤勝彦	二三〇〇円
知ることと生きること―現代哲学のプロムナード	本間謙二編	二〇〇〇円
教養の復権	岡田雅勝編	二五〇〇円
イタリア・ルネサンス事典	沼田裕之・安西和博 増渕幸男・加藤守通 H・R・ヘイル編 中森義宗監訳	続刊

〒113-0023 東京都文京区向丘1-20-6　☎03(3818)5521　FAX 03(3818)5514　振替 00110-6-37828

※税別価格で表示してあります。